RECHERCHES

SUR LA

GÉOLOGIE DE L'ÉGYPTE

D'après les Travaux les plus récents

NOTAMMENT CEUX DE M. FIGARI-BEY

ET LE

CANAL MARITIME DE SUEZ

PAR

P. CAZALIS DE FONDOUCE

INGÉNIEUR CIVIL, LICENCIÉ ÈS-SCIENCES
ANCIEN DÉLÉGUÉ DANS L'ISTHME DE SUEZ DES CHAMBRES DE COMMERCE
DE MONTPELLIER ET DE RODEZ
MEMBRE DE LA SOCIÉTÉ GÉOLOGIQUE DE FRANCE, ETC.

MONTPELLIER

C. COULET, LIBRAIRE-ÉDITEUR

LIBRAIRE DE LA FACULTÉ DE MÉDECINE, GRAND'RUE, 5.

PARIS

F. SAVY, LIBRAIRE, RUE HAUTEFEUILLE, 24

1868

RECHERCHES

GÉOLOGIE DE L'ÉGYPTE

DU MÊME AUTEUR

**Des formations volcaniques du département de l'Hérault
dans les environs d'Agde et de Montpellier**, par Marcel
DE SERRES, professeur de Géologie à la Faculté des sciences, et P.
CAZALIS DE FONDOUCE. (Extrait des *Bulletins de la Société géologique
de France*, 1861.) In-8º de 17 pages (épuisé).

**Derniers temps de l'âge de la pierre polie dans l'Aveyron.—
La grotte sépulcrale de Saint-Jean d'Alcas et les dolmens
de Pilande et des Costes.—** 1 vol. grand in-8º, avec 4 planches,
1867. (Ouvrage couronné par l'Académie impériale des sciences.
inscriptions et belles-lettres de Toulouse.). . . . . 4 fr

Montpellier. — Typographie BOEHM & FILS.

RECHERCHES

SUR LA

GÉOLOGIE DE L'ÉGYPTE

D'après les Travaux les plus récents

NOTAMMENT CEUX DE M. FIGARI-BEY

ET LE

CANAL MARITIME DE SUEZ

PAR

P. CAZALIS DE FONDOUCE

INGÉNIEUR CIVIL, LICENCIÉ ÈS-SCIENCES
ANCIEN DÉLÉGUÉ DANS L'ISTHME DE SUEZ DES CHAMBRES DE COMMERCE
DE MONTPELLIER ET DE RODEZ
MEMBRE DE LA SOCIÉTÉ GÉOLOGIQUE DE FRANCE, ETC.

MONTPELLIER

C. COULET, Libraire-Éditeur

LIBRAIRE DE LA FACULTÉ DE MÉDECINE, GRAND'RUE, 5.

PARIS

F. SAVY, Libraire, rue Hautefeuille, 24

1868

Au commencement de l'année 1865, la Compagnie uni-
verselle du canal maritime de Suez invita le Commerce du
monde entier à envoyer des délégués en Égypte pour visiter
ses chantiers, reconnaître l'état de ses travaux et constater
ses ressources matérielles et techniques. Les Chambres de
commerce de Montpellier et de Rodez me chargèrent de les
représenter à cette réunion , et je profitai de cette circonstance pour parcourir une partie de l'Égypte, la Syrie et la
Palestine, ce qui me permit de recueillir un grand nombre
de notes touchant la constitution géologique de ces pays.

Appelé dernièrement, pour donner une conférence publique sur ce sujet, à revoir mes notes et les travaux déjà pu-
bliés par les géologues et les voyageurs qui se sont occupés
de ces régions, j'ai cru qu'il pouvait être bon de résumer
ces recherches et d'en exposer les résultats , d'autant plus
que la plupart des ouvrages ou mémoires modernes relatifs
à l'Égypte sont écrits en anglais, en allemand ou en italien.
C'est notamment dans cette dernière langue qu'ont été pu-
bliées les *Études scientifiques* de M. Figari-Bey, les plus récentes de toutes, et à ce titre, celles que j'aurai le plus souvent
l'occasion de citer dans ces pages.

Le premier cadre de ce travail ayant été celui d'une conférence publique, il s'adresse autant et plus à tous les amis
des études sérieuses qu'aux seuls géologues. Ces derniers
y trouveront pourtant des détails et des observations, que leur
nature spéciale ne m'avait pas permis de comprendre dans
le cadre primitif et qui peuvent les intéresser. Bien que
quelques-unes de ces observations me soient propres, je dois
rappeler que je n'ai eu d'autres prétentions que de présenter
ici l'état actuel de nos connaissances sur la constitution et la
formation du sol Égyptien, en réunissant, discutant et résumant des données éparses dans un grand nombre d'ouvrages
et de mémoires spéciaux français et étrangers , et dans les
publications des Sociétés savantes.

Je n'ai pas cru qu'un travail sur le sol Égyptien pût être
complet, si un chapitre n'en était consacré à la grande entreprise par laquelle le génie humain se fait de nos jours, dans
cette région, à la fois le contradicteur et le collaborateur des
forces naturelles : le percement de l'isthme de Suez.

Montpellier, 24 mai 1868.

RECHERCHES

SUR

LA GÉOLOGIE DE L'ÉGYPTE

I.

En 1766, Bourguignon d'Anville, qui avait donné aux études géographiques une impulsion salutaire et une heureuse direction, publia ses *Mémoires sur l'Égypte ancienne et moderne*, qui furent bientôt suivis (1788 et 1789) des *Lettres sur l'Égypte* de Savary ; mais il faut aller jusqu'aux premières années de notre siècle pour trouver le premier ouvrage vraiment scientifique sur ce pays. C'est la vaste collection de mémoires due à des savants éminents et spéciaux, qui furent chargés d'étudier cette antique terre à la suite de l'expédition française[1]. Cette *Description de*

---

[1] *Description de l'Égypte, ou Recueil des observations et des recherches qui ont été faites en Égypte pendant l'expédition de l'armée française.*

l'Égypte restera toujours comme un monument de science et d'intrépidité, et pourtant elle a dû subir le sort de toutes les œuvres de l'homme, être amendée, rectifiée, complétée par les observations postérieures. De nombreux voyageurs, des savants ont parcouru depuis lors ces contrées ; des ingénieurs ont corrigé les conclusions erronées de ceux de l'expédition relativement aux niveaux de la mer Rouge et de la Méditerranée; les travaux entrepris pour le percement du canal qui doit réunir ces deux mers, ont fait connaître d'une façon plus intime la constitution de l'isthme de Suez.

L'autrichien Russegger, appelé en Égypte par Méhémet-Ali, a publié, de 1846 à 1849, le récit de ses observations pendant six ans de voyages en Europe, en Asie et en Afrique[1].

Des voyageurs, comme Speke et Baker, nous ont apporté, dans ces dernières années, des notions plus exactes sur les régions où le Nil prend sa source, et sur les causes qui amènent les crues régulières qui fertilisent le sol égyptien.

Tout récemment enfin, un savant italien, M. Figari-Bey, établi depuis longtemps en Égypte, où il enseigne les sciences naturelles à l'École de médecine du Caire, réunissant les résultats acquis par ses devanciers, s'est mis à étudier de nouveau ce pays, qui a le don souverain d'intéresser tous ceux qui portent leurs regards sur lui. Il l'a fait sous les différents points de vue auxquels peut se

---

[1] *Reisen in Europa, Asien und Afrika*, 1835-1841.

placer un naturaliste, embrassant tour à tour, dans des observations faites pendant de nombreux voyages, la géologie, la botanique, la zoologie et la météorologie. Il a entrepris, sous le titre d'*Études scientifiques sur l'Égypte et les pays voisins, y compris la péninsule de l'Arabie Pétrée*[1], la publication de cet important ouvrage, qui est accompagné d'une carte géologique en six feuilles avec coupes et profils. Le premier volume, celui qui nous intéresse le plus particulièrement pour l'étude à laquelle nous convions nos lecteurs, contient toute la partie purement scientifique de l'ouvrage ; le second a un caractère uniquement pratique, puisqu'il est consacré aux applications qui peuvent être faites à l'agriculture, à l'industrie, au commerce ou à l'hygiène publique.

Nous ferons toutefois un reproche au travail de M. Figari : c'est le vague laissé dans les déterminations. Il caractérise les terrains par leur constitution pétrographique bien plus que par des caractères paléontologiques, qui peuvent seuls servir à en fixer l'âge avec certitude, et il nous a fallu souvent faire un rapprochement assez long entre différents chapitres du livre, pour parvenir à nous édifier sur l'âge présumable de certaines roches. C'est peut-être la conséquence forcée de l'ordre adopté par l'auteur, qui a cru devoir traiter, dans une partie distincte, la description physique et géognostique de l'Égypte, rejetant dans une

---

[1] *Studii scientifici sull' Egitto e sue Adiacenze compresa la Penisola dell' Arabia petrea, con accompagnamento di carta geografico-geologica, del dottore Cav. Antonio Figari-Bey.* Lucca, tipographia di Giuseppe Giusti, 1864.

seconde partie l'étude paléontologique et spéciale de chaque formation géologique.

Si nous nous reportons à cette dernière, nous y retrouvons encore un vague qu'il eût été bien facile à l'auteur de ne pas y laisser. Un grand nombre de fossiles ne sont déterminés que génériquement, et on sait qu'il est bien peu de genres que l'on puisse considérer comme vraiment caractéristiques. Ailleurs il nous signale dans le même étage calcaire, sans appeler plus spécialement notre attention sur ce fait anormal, des espèces que nous sommes habitués à retrouver à des étages différents. Comment, par exemple, M. Figari place-t-il le *Mosasaurus* de Maëstricht dans les terrains wealdiens? Comment a-t-il pu reconnaître dans les calcaires du lias la *Baculites anceps*, qui appartient à un des étages supérieurs de la formation de la craie? J'ai aussi recueilli en Orient une baculite très-voisine de cette espèce, si ce n'est elle-même ; je l'ai rencontrée sur l'éminence contre laquelle se trouvent les ruines de Jéricho ; mais elle est là dans sa position normale, associée à l'*Ostrea vesicularis*. Toutefois, si la détermination de M. Figari est seulement génériquement exacte, le fait serait intéressant et aurait mérité mieux qu'une mention faite en passant, car le genre *baculite* est regardé comme limité aux terrains crétacés.

Enfin, certaines coupes offrent dans les sinuosités de leur direction un tel arbitraire, que ce sont plutôt des profils théoriques résumant les idées de l'auteur, que l'expression réelle des faits. Mais j'ai hâte de laisser de côté ces critiques peut-être trop spéciales, pour rendre aux longs travaux de M. Figari et à ses belles cartes toute la justice et tous les éloges qu'ils méritent dans leur ensemble.

D'autres savants explorateurs, comme MM. Linant-Bey, Letronne, Talabot, Hekekyan-Bey, etc., ont fourni à l'étude du sol égyptien des éléments divers et importants, bien que quelquefois contradictoires.

Les causes qui ont produit dans les temps géologiques le sol sur lequel nous vivons, n'ont point cessé d'agir depuis l'apparition de l'homme, et la venue sur la terre de ce roi de la création n'a point inauguré une ère nouvelle de calme et de tranquillité. Les mêmes causes existent toujours, manifestant leurs effets d'une façon parfois moins violente et moins éclatante que dans les premiers temps, mais n'en travaillant pas moins à modifier la forme des continents, à les abaisser ici au-dessous du niveau de la mer, à les élever ailleurs au-dessus de ce même niveau, à combler, à atterrir les vallées ou à en creuser de nouvelles. Aussi ne doit-on pas être surpris d'entendre dire qu'une grande partie de l'Égypte ne s'est peut-être formée que dans un temps où ce pays était déjà habité.

Il y a plus de 2300 ans, des prêtres égyptiens racontaient en effet à Hérodote qu'au temps de Ménès, l'Égypte, à partir du lac Mœris, n'était qu'un vaste marais, et l'historien grec ajoute, après avoir rapporté cette tradition : « Il est en effet évident, pour quiconque est doué d'un jugement droit, que cette portion est une terre récemment acquise, un don du Nil, comme le disaient les prêtres, et comme je le pense moi-même. »

En recherchant ainsi avec soin dans les auteurs anciens, chez les historiens et les géographes, comme chez les poètes et les philosophes, ce qui peut avoir trait à l'ancienne physique du globe, on arrive à constater depuis les temps historiques des modifications dans la configuration des terres et des mers bien plus importantes qu'on ne le croirait possible au premier abord. Malheureusement un grand nombre de relations de voyages ont disparu par suite des préjugés des anciens.

Outre l'absence de ces documents, des recherches de cette nature sont rendues difficiles par le malheureux mélange que les anciens faisaient de la fable et de l'histoire, et par la disposition qu'ils avaient à considérer comme de formation toute récente et contemporaine de l'homme, les terres dans lesquelles des coquilles marines se trouvaient mêlées. Ils surent pourtant faire un emploi assez judicieux de ce genre d'observations, qui nous est révélé par ces vers des *Métamorphoses :*

> *Et procul a pelago conchæ jacuere marinæ ;*
> *Vidi factas ex aquore terras,*

pour n'indiquer jamais que des terrains géologiquement récents.

M. Virlet d'Aoust présenta en 1845, à la Société géologique de France, une *Carte* inédite *de la navigation des Argonautes du monde primitif suivant les périples de*

Timée, d'Hécatée, d'Apollonius et d'Onomacrite[1], qui, d'après des recherches récentes de M. Ch. Laurent, proviendrait des cartons de Court de Gébelin. Le périple d'Hécatée de Milet y est tracé comme s'étant exécuté par un détroit à travers lequel la mer Rouge communique librement avec la Méditerranée. Les bords de cette bouche s'écartent largement pour embrasser une île, qui peut être la presqu'île actuelle du Sinaï, ou le premier rudiment de l'isthme de Suez.

D'après les réserves que nous avons faites sur la façon d'observer des anciens, ce n'est qu'avec une extrême prudence que le géologue peut puiser dans les traditions historiques, et surtout dans celles qui passent pour fabuleuses. Il ne doit pourtant pas les négliger, car elles peuvent le mettre sur la voie de faits qui ne seraient pas sans intérêt pour l'histoire des modifications successives de la surface de notre globe; mais il ne doit rien admettre qui ne soit strictement justifié par l'observation des faits.

Si l'on compare la *Carte du monde primitif* avec une carte géologique de l'ancien continent, on voit que la configuration des mers qui y est indiquée se retrouve, soit dans celle des mers actuelles, soit dans celle des terrains tertiaires les plus récents ou des terrains quaternaires, comme nous le constatons notamment pour l'emplacement de l'isthme de Suez. Nous ne pouvons donc nier que l'auteur de la *Carte du monde primitif*, malgré l'esprit de système

---

[1] Il ne reste que des fragments de la plupart des ouvrages de ces auteurs, qui vécurent entre le vi[e] et le iii[o] siècle avant l'ère chrétienne.

qu'il a pu y apporter, n'ait tracé, en puisant dans les traditions des anciens, un état de choses se rapportant à une époque qui n'était pas très-éloignée de celle où l'homme viendrait habiter la terre, et qui existait même encore en partie dans les premiers âges de l'humanité.

II

La haute et la moyenne Égypte. — Le Désert Lybique.

Lorsque, au temps d'Hérodote, un voyageur nouvellement arrivé en Égypte s'enquérait curieusement de l'étendue de ce pays, on lui répondait, en reproduisant les paroles mêmes de l'oracle d'Ammon, que *toute la terre que le Nil couvrait dans ses débordements appartenait à l'Égypte, ainsi que tous ceux qui, habitant au-dessous de la ville d'Éléphantine, buvaient des eaux de ce fleuve.* Le Nil, en effet, caractérise l'Égypte, comme le Jourdain la Syrie et la Palestine ; c'est donc autour de lui que vont se grouper les notions géologiques que nous nous proposons d'exposer ici.

L'origine du Nil a été pendant longtemps un problème insoluble, et l'opinion de Ptolémée, qui en plaça le premier les sources dans les montagnes de la Lune, a prévalu jusqu'à nos jours. Malgré les recherches et les travaux des voyageurs et des géographes modernes, ce n'est que dans ces dernières années que les sources de ce fleuve royal ont été véritablement découvertes. Le 30 juillet 1858, un voyageur intrépide dont la science déplore la perte prématurée, le capitaine John Hanning Speke, de l'armée des Indes, découvrit, entre le groupe des montagnes de la Lune et la ligne du mont Kema, le grand lac appelé par lui Victoria N'yanza, qu'il conjectura devoir être la source et le point de départ du Nil blanc. Pendant l'automne de l'année 1859, il entreprit, avec le capitaine Henri Grant, un nouveau voyage pour vérifier cette conjecture, et reconnut en effet que, loin de prendre directement sa source dans les sommités neigeuses des montagnes de la Lune, comme on l'avait cru jusqu'ici, le fleuve blanc sort du Victoria N'yanza, situé entre le 1° et le 4° au sud de l'équateur et le 30° et 35° de longitude est [1].

Ce voyage dura dix-huit mois. Partis de Zanzibar, les voyageurs remontèrent par Kazeh vers ce grand lac, situé à 3 740 pieds au-dessus de l'Océan, le contournèrent à l'ouest jusqu'aux chutes de Ripon, par lesquelles s'élance le Nil blanc, qu'ils suivirent jusqu'à Alexandrie, où ils se rembarquèrent pour l'Angleterre.

Ce fleuve, grossi de quelques petites rivières, ne reçoit que deux affluents principaux, jusque dans le Sennaar et la Nubie, où le Nil bleu vient se joindre à lui.

Les lacs de l'Afrique transéquatoriale, au nombre desquels se trouve le Victoria N'yanza, occupent les dépressions d'un vaste plateau qui constitue le centre du continent africain ; aussi Speke comparait-il celui-ci à une assiette

---

[1] Méridien de Greenwich,

renversée. Ce plateau, que les débris organiques renfermés
dans son sol ont fait considérer comme une ancienne mer
intérieure élevée à la hauteur actuelle par un soulèvement,
est entouré presque entièrement par une bordure de montagnes, dont le penchant extérieur va rejoindre les régions
maritimes. Ce n'est que vers le nord que manque cette ligne
de relief, et de ce côté il va en s'abaissant graduellement
de l'équateur à la Méditerranée [1].

Les montagnes du haut Soudan sont formées, d'après
M. Figari-Bey, de roches de soulèvement ignées, telles que
le granit et le gneiss, et de roches stratifiées, soulevées par
les premières de manière à présenter une légère inclinaison dirigée presque du sud au nord. Ces formations, très-
développées, consistent principalement en micaschistes,
en grauwackes, en sables et grès quartzeux plus ou moins
ferrugineux, alternant avec des bancs d'argiles bigarrées et
de marnes compactes, et enfin en agrégats de gros cailloux
siliceux, au nombre desquels on en trouve de cornaline,
de jaspe et d'onyx; elles appartiennent à une période
géologique fort ancienne. Dès qu'on arrive dans la région
de l'Abyssinie, on commence à voir les calcaires de l'époque secondaire prendre un grand développement, surtout
dans la partie orientale de cet empire, où ils vont disparaître sous des terrains de plus en plus récents jusqu'aux
grèves actuelles du littoral.

Si nous suivons au contraire le cours du Nil après la

---

[1] Speke; *Les sources du Nil*, trad. Forgues. Paris, 1864, pag. 6 et 7.

réunion de ses deux branches, à l'extrémité de la presqu'île
du Sennaar, nous voyons les formations secondaires ap-
paraître également, quoique peu développées, à l'occident
de la basse Nubie. Ce sont les grès siliceux, désignés par
Russegger, qui les a le premier observés, sous le nom
de grès de Nubie, ainsi que les marnes et argiles vertes et
les calcaires tuffacés jaunâtres de la période crétacée, auxquels succèdent des terrains de l'époque tertiaire, et notamment 'un grès calcaire d'eau douce, que **M.** Figari
n'hésite pas à considérer comme pliocène. Cette dernière
formation, dans laquelle on trouve de gros troncs silicifiés
et des lacs à natron, comme dans la basse Égypte, s'étend
à travers le Kordofan et le Darfour.

Ces terrains amènent le voyageur qui descend le cours du
Nil à une grande chaîne due à l'éruption de roches cristallines qui, courant avec une direction légèrement curviligne
de l'occident à l'orient, sépare la Nubie de l'Égypte. Elle
se prolonge, en se retournant vers le nord, parallèlement
au golfe Arabique, forme l'épine dorsale de l'Égypte, et
donne naissance aux massifs de la presqu'île du Sinaï et de
l'Arabie Pétrée, de manière à fournir les traits principaux
du relief actuel de ces contrées. Ces roches, qui ont fait
éruption à des époques différentes, se pénétrant les unes
les autres, appartiennent au porphyre feldspathique, au
granit, à la syénite, au gneiss, aux micaschistes, aux dio-
rites porphyroïde et granitoïde, aux roches amphiboliques,
talcschisteuses et serpentineuses, et même aux volcaniques, comme le trachyte et le basalte.

Les couches sédimentaires viennent s'appuyer des deux
côtés sur cette chaîne avec une inclinaison dirigée, sur le
penchant continental, vers l'occident et vers le nord. Les
premières sont des grès arénacés analogues aux grès de
Nubie, rapportés par M. Figari-Bey au trias. Au-dessus,
et conservant toujours la même inclinaison, se montrent
en quelques points des assises jurassiques, que les couches inférieures de la formation crétacée, plongeant dans
le même sens, mais avec une moindre inclinaison, recouvrent le plus souvent pour venir s'appuyer sur les grès plus
anciens.

L'ensemble de ces formations et de celles plus récentes
qui les surmontent, dont les premières sont les assises
moyennes et supérieures de la craie, forment un grand
plateau incliné vers le nord et vers l'ouest, de manière à
plonger, dans le premier sens sous la Méditerranée, dans
le second sous les sables du désert africain. C'est dans un
large sillon de ce plateau, dirigé sensiblement du sud au
nord, qu'a été creusée la vallée du Nil.

Le système moyen et supérieur de la craie, qui constitue une grande partie de ce plateau, principalement dans
la haute Égypte, consiste, d'après les travaux récents de
M. Figari-Bey, en sables chloriteux, en argiles et marnes
vertes, avec toute la série de leurs coquilles et échinides
fossiles, qu'une zone de marnes calcaires d'un vert jaunâtre, accompagnant un grès siliceux et ferrugineux, sépare
d'un étage, tantôt compacte, tantôt tuffacé et schisteux,
manquant complètement de fossiles, mais surmonté d'un
système de grès calcaire renfermant des bancs très-fossi-

lifères. Au nombre de ces fossiles se trouvent de grandes *Ammonites*, des *Nautiles* et des *Huîtres*, notamment l'*Ostrea proboscidea* et l'*O. harpa*, qui caractérisent parfaitement l'étage de la craie supérieure, que **M.** Coquand a décrit dans la province de Constantine sous le nom de *santonien* (*sénonien* de d'Orbigny). **M.** Figari ajoute à la liste de ces fossiles l'*Exogira columba*, qui me paraît devoir provenir sans doute d'une couche distincte, et qui caractériserait l'étage plus inférieur, bien que toujours du système supé-rieur de la craie, appelé par d'Orbigny *cénomanien*, et signalé également par **M.** Coquand en Algérie, sous le nom de *carentonien*.

Le même auteur mentionne encore deux bancs crétacés, qui s'observent principalement sur une portion du plateau oriental de la vallée du Nil, dans lesquels les deux étages pré-cédemment indiqués sont parfaitement tranchés : un calcaire blanchâtre caractérisé par des *Hippurites* (*Spherulites folia-ceus*), des rognons de silex pyromaque, et l'*Ostrea biauri-culata*, fossiles qui accompagnent l'*Ostrea columba* dans les couches *carentoniennes* ; et au-dessus un autre calcaire, compacte quelquefois, rarement marneux, contenant de nombreux fossiles et notamment l'*Ostrea vesicularis*, qui appartient au *sénonien*.

Après les étages supérieurs de la craie on trouve un massif très-développé, qui constitue la moyenne et la basse Égypte, consistant en *calcaire nummulitique* et *eocène*, et en un grès calcaire, tantôt compacte, tantôt percillé, qui représente l'époque géologique du *tertiaire moyen* ou *miocène*.

C'est le calcaire nummulitique qui a fourni la majeure partie du revêtement extérieur de la grande pyramide. On le retrouve aussi à l'intérieur, mais là dominent le granit et la syénite, et notamment dans la chambre du Roi. Ces deux dernières sortes de matériaux, bien que venant de très-loin, puisqu'on allait les chercher aux environs d'Assouan, étaient très-employés par les anciens Égyptiens. On en retrouve de nombreux débris épars sur le sol de l'emplacement qui s'étend au pied des Pyramides, et dans les monuments de la plus haute antiquité. Le grand Sphinx de Gizeh notamment et les matériaux du temple qui est à ses pieds, sont taillés dans des blocs de ces roches. C'est à elles que la vieille civilisation égyptienne demandait ces gigantesques monolithes qu'elle convertissait en sphinx, en statues, en obélisques ou en sarcophages pour ses bœufs Apis. Mais pour leur donner ainsi une préférence marquée, elle ne dédaignait pas pour les usages plus ordinaires les roches que la nature avait placées tout d'abord sous sa main. Aux Pyramides, nous avons vu des calcaires de différentes époques, et même des briques cuites devenues d'une extrême solidité. Dans la haute Égypte, ce sont des calcaires crétacés, des grès et psammites des formations anciennes, notamment ceux du Djebel Selseleh qui ont reçu par excellence le nom de *pierre monumentale*.

M. Figari pense que c'est à la fin de la période crétacée inférieure qu'il faut placer la première apparition de la chaîne cristalline qui forme en quelque sorte l'arête du plateau égyptien. Tout nous amène à penser, au contraire,

que son éruption eut lieu avant cette époque, mais après
le dépôt des terrains jurassiques.

Les porphyres feldspathiques, qui paraissent en former
la portion la plus ancienne, alignés sensiblement du sud
au nord, contournent, après s'être montrés dans la Nubie
et la haute Égypte, le massif granitique du Sinaï, et repa-
raissent sur la rive occidentale de l'Arabah et de la mer
Morte. Notre savant confrère, M. L. Lartet, a développé,
dans sa *Note sur la formation du bassin de la mer Morte*[1],
les raisons qui doivent faire considérer ces porphyres
comme antérieurs aux grès et psammites crétacés qui les
avoisinent au mont Hor.

Dans la haute Égypte, l'étude stratigraphique amène au
même résultat. Il y a en effet, entre les dépôts jurassiques
et les dépôts crétacés, une discordance de stratification
évidente, qui correspond à l'éruption des roches plutoni-
ques. Cela est bien visible dans une des coupes données
par M. Figari lui-même dans la sixième feuille de sa carte
géologique de l'Égypte, où l'on voit les terrains éocènes et
crétacés, faiblement inclinés, transgresser par-dessus les
couches jurassiques, fortement relevées, pour venir s'appuyer sur celles des grès du trias.

Les terrains crétacés et ceux plus modernes qui les surmontent, ne présentent d'abord qu'une faible épaisseur
dans l'Égypte supérieure, et, jusqu'au parallèle du Sinaï,
sur les flancs de la chaîne Arabique qui formaient le rivage
des mers dans lesquelles ils se sont déposés ; mais leur

---

[1] *Bull. de la Soc. géol. de France*, 2ᵉ série, tom. XXII, pag. 432-434.

épaisseur va en augmentant au fur et à mesure que l'on avance vers l'occident et vers le nord, et sous le parallèle de Memphis ils présentent une puissance verticale de 200 pieds.

L'exhaussement du sol égyptien s'est continué depuis cette première éruption ; en grande partie sans doute sous l'influence d'un mouvement de bascule, suite de l'apparition successive de cette ligne de montagnes élevées qui, s'alignant en demi-cercle autour de la mer des Indes et du Pacifique, ont fait pencher vers cet Océan le centre de gravité des masses continentales actuelles. De nouvelles roches éruptives ont en outre, à diverses époques, traversé les premières, jusqu'aux basaltes et aux trachytes de la période tertiaire, lui apportant le concours de mouvements purement locaux.

Disloqués par ces soulèvements, burinés par les courants d'eau et les agents atmosphériques, les terrains déposés antérieurement ont formé des groupes de montagnes et de collines plus ou moins isolées, mais auxquelles l'observation de la nature des couches, de la stratification et de l'inclinaison, fait reconnaître une origine commune. Un des agents qui ont le plus contribué à fouiller et à buriner ces terrains, de façon à leur donner l'aspect sous lequel ils se présentent aujourd'hui, est sans contredit le Nil, qui coule au fond d'une large scissure de ce plateau, ainsi que les anciens torrents dont les Ouadis sillonnent les deux penchants de la vallée.

Sortant des lacs du plateau central de l'Afrique, le Nil trouva dès son origine une barrière dans la chaîne syénitique d'Assouan, qui s'étend entre le 30° et le 32° de longitude est. Retenu ainsi à un niveau bien supérieur à son niveau actuel, ce fleuve était dévié vers l'occident et coulait à travers la Lybie. Il fécondait alors de ses eaux bienfaisantes cette région, aujourd'hui déserte, et dans laquelle la ligne plus ou moins continue des oasis est la seule trace de son passage avec le lit desséché du *Bahar-Bela-Mah*, nom expressif qui signifie *fleuve sans eau*.

Mais bien avant les temps historiques, probablement pendant l'époque pliocène, les eaux du Nil, désertant leur ancien lit, avaient pu se frayer un passage à travers la chaîne qui barrait leur cours, et contre laquelle elles venaient battre avant de se détourner vers l'ouest. Sautant dès-lors de cataractes en cataractes, formées, les unes dans les roches syénitiques, les autres dans les grès arénacés, elles se précipitèrent vers le niveau inférieur, où elles coulent encore aujourd'hui, dans une des nombreuses scissures du plateau calcaire. Elles élargirent ensuite, creusèrent et façonnèrent de plus en plus la vallée dont elles avaient pris possession. On trouve en effet, jusqu'à trente pieds au-dessus des plus hautes eaux actuelles, des fentes de la roche syénitique remplies d'alluvions fluviatiles, contenant des coquilles fossiles d'espèces qui vivent encore dans le Nil sous cette latitude, notamment l'*Etheria polymorpha*, dont nous avons recueilli également des restes fossiles dans l'isthme de Suez.

Dans le désert des Oasis, où coulait, avons-nous dit, autrefois le Nil, on retrouve une sorte de grès calcaréo-marneux, rapporté par M. Figari à l'époque pliocène, dans lequel sont incrustées en grand nombre des coquilles fluviatiles à demi-fossiles de la même espèce. Ces grès pliocènes semblent entourer une sorte de golfe ou de grande vallée dans laquelle s'étendaient probablement autrefois les eaux du Nil, et dont le sol est incrusté de ces *Éthéries*.

Partagé dans sa longueur par la vallée large et profonde du Nil, le grand plateau calcaire de l'Égypte forme, à l'occident la chaîne Lybique, qui se perd sous les sables du désert, et à l'orient la chaîne Arabique, qui vient baigner ses pieds dans la mer Érythrée.

Dans la vallée primitive, le fleuve a déposé son limon, qui s'est mêlé vers la base avec les dépôts de la mer. Celle-ci, en effet, pénétrait originairement, comme dans un golfe, assez loin entre les deux lèvres de ce large sillon, et reprenait, dans son mouvement de fluctuation, les alluvions fluviatiles auxquelles elle mêlait les débris de corps purement marins. Mais à mesure que le sol s'exhaussait, le fleuve, prolongeant de plus en plus son cours, étendait seul à la surface de ce golfe ses sédiments, dans l'épaisseur desquels est tracé son lit actuel, sol béni que les inondations viennent tous les ans féconder, tandis qu'au-delà règnent de tout côté le désert et la stérilité.

Nous avons dit que c'était probablement pendant l'époque pliocène que le Nil avait commencé à abandonner son cours primitif, pour sauter, à travers les cataractes de Syène, dans la fente qui sillonnait du sud au nord le plateau égyptien. Nous ajouterons qu'il est non moins probable que pendant longtemps ses eaux se partagèrent entre leur ancien et leur nouveau lit. Le terrain pliocène d'origine lacustre s'étend en effet, comme nous l'avons dit, sur toute une grande dépression du sol lybique, sorte de lac alimenté par les eaux du Nil, et que l'action d'une évaporation constante a eu bientôt desséché lorsque cette alimentation, successivement diminuée à mesure que l'écoulement par les cataractes prenait plus d'importance, n'a plus été suffisante pour la contre-balancer. Dans le fond et sur les bords de la vallée égyptienne, on retrouve les traces et les témoins de formations contemporaines dans les sédiments et alluvions d'eau douce de l'époque pliocène de la haute Égypte, identiques à ceux de la Lybie mais à peu près privés de fossiles.

A mesure que l'on descend de cette région, où le niveau du Nil est à 400 ou 500 pieds au-dessus de celui de la Méditerranée, vers l'embouchure de ce fleuve, cette formation prend les caractères d'un dépôt thalassique, devient de plus en plus puissante, et présente des fossiles marins plus nombreux et plus variés. Ces terrains consistent alors en couches de marne calcaire chargée d'ocre qui la colore en jaune, et passant par endroits à une argile marneuse bleuâtre. Cette marne argileuse est le plus souvent sillonnée d'un réseau de veines et de petits filons de gypse, accompagné de légères incrustations de sel marin et pénétré de veines et de rognons d'ocre. Cette formation ne repose pas directement sur le fond de la vallée primitive, mais sur une sorte d'agrégat alluvial, demi-brèche, demi-poudingue, contenant des cailloux roulés et des fragments anguleux quelquefois très-gros des roches circonvoisines, telles que les calcaires crétacés, nummulitiques , etc.; agrégat que l'on peut à volonté considérer comme contemporain de la fin de l'époque miocène ou du commencement de l'époque pliocène, parce qu'il forme le passage de l'une à l'autre et les sépare. Au-dessus de tout cela, se trouvent les alluvions propres du Nil.

Remontons maintenant à notre point de départ dans la haute Égypte, et suivons la ligne des roches éruptives. Elles se dirigent parallèlement à la mer Rouge, formant des sommités de moins en moins élevées à mesure qu'elles s'avancent vers le nord, et disparaissent enfin complètement vers le 28° 30′ de latitude nord, qui est à peu près le parallèle du Sinaï. Sur le penchant de cette arête, qui s'incline vers la mer Rouge et le golfe Arabique, l'on retrouve les mêmes couches sédimentaires que nous avons indiquées sur le penchant continental, mais bien plus inclinées. Ce sont les sables quartzeux, les marnes irisées et les grès du trias, et les couches nombreuses de l'époque crétacée. Enfin, tout le long du littoral on observe de petites collines du vieux pliocène, avec les fossiles qui le caractérisent. Cette formation est encore ici séparée des dépôts antérieurs par une couche d'agrégat de sable et cailloux roulés ou erratiques ; mais elle est privée des apports fluviatiles que nous avons constatés sur l'autre penchant.

Si nous traversons l'embouchure du golfe, nous retrouvons la ligne des roches éruptives à la même latitude où elle avait disparu sur la rive égyptienne. Elles forment ici le massif du Sinaï, autour duquel se développent, comme dans la haute Égypte et la Nubie, les porphyres feldspathiques, qui s'étendent du sud au nord jusqu'à la mer Morte, et apparaissent notamment au mont Hor et à Petra.

Outre le granit et les roches porphyroïdes qui prédominent dans le massif du Sinaï, on y rencontre d'autres roches d'origine ignée, mais dont l'éruption est postérieure, telles que la protogine, qui forme en Europe le sommet du mont Blanc, et des roches basaltiques se présentant sous la forme de dikes et de gibbosités coniques, qui ont traversé les roches cristallines antérieures. Sur les deux penchants du Sinaï, c'est-à-dire vers le golfe de l'Akaba comme vers celui de Suez, on retrouve, s'appuyant sur la chaîne éruptive, les mêmes roches sédimentaires que sur la côte africaine et dans le plateau égyptien. Seulement M. Figari mentionne ici des points isolés d'une formation de l'époque secondaire qu'il n'avait pas eu l'occasion de signaler précédemment. Ces terrains, toutefois peu développés, appartiennent à la période jurassique. Ce sont des calcaires oolithiques, dont la stratification, assez irrégulière, offre parfois une inclinaison qui atteint jusqu'à 50° et 55°, et des calcaires et marnes appartenant au système du lias, caractérisés par des *Belemnites* et la *Gryphée arquée;* mais les terrains qui dominent sont encore les grès supérieurs du trias et les étages crétacés. Au-dessus de ces derniers, on retrouve les formations pliocènes, qui forment notamment la grande plaine inclinée de l'Ouadi-Gho, et se joignent à ceux de l'isthme de Suez.

Au nord du groupe du Sinaï, le plateau incliné qui forme sur le littoral de la Méditerranée la base de la péninsule de l'Arabie Pétrée, présente la même succession des couches triasiques, crétacées et pliocènes. Les sables calcaires qui s'étendent sur tout ce littoral arabique et sur celui de la Palestine, et constituent les plages émergées d'El-Arish, de Gazza et de Jaffa, sont rapportés par M. Figari à cette dernière formation. Ils renferment un grand nombre de coquilles marines dont les analogues vivent dans la Méditerranée, notamment des *Pétoncles*, et doivent plutôt être rapportés, croyons-nous, à l'époque postpliocène de M. Lyell, contemporaine de la plage soulevée de Brighton, du lœss du Rhin et des bluffs du Mississipi.

III

Le Delta.

Après s'être dirigé du sud au nord à travers la haute et la moyenne Égypte, le Nil se divise sous le 30°12′ de latitude nord en deux branches comprenant entre elles l'espace que les Grecs, en raison de sa forme, ont nommé le Delta. Ce Delta est formé par les alluvions du fleuve, qui tendent à l'accroître en étendue et en hauteur.

Le Nil croît périodiquement, et, se répandant alors sur tout le Delta par de nombreux canaux, y dépose une couche de limon qui fait la richesse agricole de ce pays. Cette crue commence dans la seconde quinzaine de juin, et continue jusqu'à la fin de septembre ; puis l'eau du fleuve décroît jusqu'à la fin de mai. Dans ce pays, qui ne connaît pour ainsi dire pas les pluies du ciel, la stérilité menace le sol si la crue du Nil n'est pas assez forte pour l'arroser et le féconder ; si elle est trop forte, au contraire, l'inondation ravage tout et n'aboutit elle-même qu'à la famine [1]. C'est ainsi que l'habitant du Delta se trouve sans cesse placé entre deux excès du régime du Nil qui aboutissent au même fléau. Pour prévenir ce double danger, les Pharaons avaient établi latéralement au cours du fleuve un bassin régulateur colossal, dont les digues ont été retrouvées par M. Linant-Bey dans le Fayoum, au-dessus du Birket-Keroum.

Les voyages accomplis par sir Samuel Baker [2] dans les régions équatoriales du bassin du Nil, en 1861 et 1862, l'ont amené à constater que l'Atbarah et le Nil bleu sont complètement à sec pendant une portion de l'année. L'Atbarah l'était encore le 13 juin 1861 ; mais le 23 juin, à Gorzerajup, le voyageur anglais vit arriver le flot causé par le commencement de la saison pluviale en Abyssinie, et le lit desséché se transformer en une immense rivière de 20 pieds de profondeur et de 500 mètres de largeur. A Goorazeh, il atteignit le pays où l'Atbarah enlève par ses érosions le riche limon qu'il dépose en Égypte ; là son eau

---

[1] Les crues qui donnent l'abondance sont celles de 7^m à 7^m,50.

[2] *Sur les tributaires Abyssiniens du Nil et les lacs de l'Équateur par rapport aux inondations de l'Égypte.* Mémoire lu à la session de l'*Association britannique pour l'avancement des sciences*, tenue à Nottingham en 1866.

est, dit-il, aussi épaisse que de la crême. Le fleuve égyptien, grossi à l'époque des inondations, serait donc à sec
une portion de l'année, si, à l'extrémité de la presqu'île
du Sennaar, au Nil bleu ne venait se joindre le Nil blanc.
Alimenté en effet par les lacs équatoriaux, et notamment
l'*Albert N'yanza*, qui forme comme un vaste régulateur
de son cours, le Nil blanc coule sans interruption toute
l'année. Les tributaires abyssiniens apportent le riche limon
qui forme le sol agricole de l'Égypte, et produisent principalement les crues qui le fécondent ; mais malgré cela, par
suite de leur desséchement complet pendant une portion
de l'année, et l'immense évaporation qui se produit dans
les déserts de sable que le fleuve a à traverser, l'Égypte
n'en serait pas moins un désert, si les lacs équatoriaux,
alimentés par les pluies dont la saison dure deux mois de
l'année, ne se déversaient abondamment et d'une manière
constante dans le Nil blanc, qui entretient et alimente ré-
gulièrement le cours du Nil égyptien.

Les alluvions charriées par le fleuve blanc sont des sables
quartzeux micacés, alternant avec de légères couches mi-
cacées fissiles ; celles du fleuve bleu, au contraire, qui
constituent la presque totalité de la presqu'île du Sennaar,
consistent en une argile compacte ocre foncé. De diverses
expériences faites par M. Figari en 1837 et 1838 sur l'eau
du Nil prise à Kartoum et au Caire, il résulte que 1 litre
dépose dans une bouteille, au bout de quarante-huit heures,
de 3 à 4 millimètres de limon argileux. C'est là, dit-il,
l'origine du limon agraire qui forme la portion basse du
bassin Nubo-Soudanique, donne son accroissement à la pé-

ninsule du Sennaar, et forme le sol de la vallée égyptienne,
principalement le Delta.

Le Nil, en effet, comme nous l'avons dit plus haut, a
successivement comblé de ses alluvions la baie dans laquelle il venait se jeter pendant la période tertiaire, de
façon à donner à la basse Égypte sa configuration actuelle,
et il continue encore de nos jours ce travail de transport
et d'atterrissement. On distingue dans ce *sol nilotique* deux
groupes nommés : l'un *terrain de transport* et l'autre *terrain de sédiment limoneux*. Le premier est l'alluvion pro-
prement dite, qui constitue le lit du fleuve, les îles et les
bancs ambulants. Il est composé d'un sable très-fin, siliceux,
micacé, à peine ferrugineux, avec des particules noires et
luisantes de fer titanifère, qui en forme la partie la plus
pesante. Le sol formé par les sédiments limoneux est toujours assez argileux, compacte, tenace, noirâtre, se con-
tractant et se fendillant par la dessiccation ; il occupe le
plus généralement les parties éloignées du lit du fleuve et
des points où le courant est le plus fort, recouvrant les
vastes espaces où les eaux trouvent un plus grand repos
et une sorte d'arrêt. C'est ce qu'a pu observer tout voyageur qui a passé seulement une journée aux environs
d'Alexandrie ou du Caire. Ce sédiment limoneux forme en
effet le grand Delta qui s'étend à l'embouchure de la vallée
du Nil, ainsi que les immenses plaines cultivées qui entourent les ruines de Memphis et de Thèbes.

Ce dépôt produit un exhaussement lent, mais continu,
de la vallée, évalué par les ingénieurs français de l'expédi-

tion d'Égypte à 125 millimètres par siècle, de sorte que certains monuments de l'antiquité se trouvent en contre-bas du sol actuel. Tels sont les socles qui portent les deux colosses de la plaine de Kournak, cachés sous une épaisseur de 5 mètres de limon, et l'édifice voisin des obélisques de Louqsor, qui, d'après M. Lebas, serait couvert par les eaux jusqu'à une hauteur de 5 mètres, si l'on déblayait les décombres qui l'entourent. Il ne faut pas toutefois attacher à ces chiffres une valeur absolue, car ils peuvent varier avec les emplacements, par suite, par exemple, de la présence d'un pli de terrain ou d'une ondulation du sol.

MM. Girard, Linant et Mougel évaluent le débit du Nil à 6 ou 700 mètres cubes par seconde en basses eaux et à 9 ou 10 000 en hautes eaux, ce qui donne un débit total annuel de 90 millions de mètres cubes, c'est-à-dire dix fois plus que la Seine et deux fois plus que le Rhône, mais un huitième seulement du Mississipi et un trentième du fleuve des Amazones.

Il est probable que le Nil, en raison de ses fortes crues et de leur durée, charrie plus de limon que le Rhône[1]. En adoptant pourtant, comme l'ont fait les ingénieurs de la

M. Regnault a donné dans la *Décade égyptienne*, tom. I, pag. 265, l'analyse suivante du limon du Nil :

Eau	11
Carbone	9
Oxyde de fer	6
Silice	4
Carb. de magnésie	4
Carb. de chaux	18
Alumine	48
	100

Compagnie de Suez, le chiffre de 1/2500 , fourni par les expériences faites sur les eaux de ce dernier, on arrive à reconnaître que le fleuve égyptien entraîne annuellement un minimum de 36 millions de mètres cubes de limon.

Hérodote raconte que le Nil coulait autrefois au pied de la montagne Lybique, et que Ménès lui fit creuser un lit à égale distance des deux chaînes. Dans le lit abandonné, ce premier Pharaon des dynasties égyptiennes aurait jeté les fondements de Memphis, qu'il aurait défendue contre les retours du fleuve par une forte digue construite à 4 lieues au sud. Savary attribue à cette déviation la formation du Delta. Quoi qu'il en soit de la tradition qui lui a donné naissance, cette opinion n'est pas admissible : l'origine du Delta est évidemment plus ancienne.

Le terrassement alluvial qui le constitue est dû à l'obstacle produit par une île de l'époque pliocène, qui était située à peu près à l'endroit où passe actuellement le chemin de fer entre Birket-el Sabah et la ville de Tantah. Elle existait déjà à l'époque où la mer formait en ce point un golfe qui s'étendait jusqu'au parallèle de Memphis et au-delà. Contre ce promontoire insulaire vinrent s'adosser les alluvions fluviales qui l'ont successivement plus ou moins recouvert, en sorte qu'on n'en peut plus apercevoir de nos jours que la partie culminante, qui est encore à un niveau un peu supérieur à celui des eaux d'inondation.

Cette île de l'époque pliocène a occasionné la première division du Nil en deux branches, en même temps qu'elle a servi de noyau au Delta et de point d'attache à un pre-

mier cordon littoral. En dedans de celui-ci se trouvèrent
sans aucun doute de vastes espaces qui restèrent pendant
longtemps à l'état de lacs et de marais, comme en dedans
du cordon littoral actuel se trouvent les lacs Marœotis,
Burlos et Menzaleh, et sur les côtes méditerranéennes de
la France, les étangs des environs d'Aigues-Mortes et de
Cette. Ainsi peuvent s'expliquer les traditions relatives à
la fondation de Memphis.

Bien que nous pensions que l'origine du Delta est plus
ancienne que la déviation que Ménès aurait faite du lit du
Nil, il n'en est pas moins vrai que, comme le pensait Hérodote, c'est une terre récemment acquise. Depuis l'époque
où vivait cet historien, il s'est avancé dans la mer. Il dit,
en effet, que « la largeur de l'Égypte sur la mer, depuis
le golfe Plintinite jusqu'au marais Serbonide, près du
Cassius, est de 3 600 stades, et sa longueur de la mer à
Héliopolis, de 1 500 stades ». D'Anville a évalué le stade
d'Hérodote, sur d'excellentes raisons, entre 50 et 51 toises
de France. En partant de ces données et des distances
d'Héliopolis à Damiette et à Rosette, Volney a montré que
l'ancien rivage devait se trouver sur une ligne qui passerait
par ces deux villes. De Maillet, l'auteur du *Telliamed,* qui
fut longtemps consul de France à Alexandrie, y fit des observations suivies sur l'accroissement des atterrissements,
et constata que de 1692 à 1718 ils avaient gagné quarante
pas[1]. Cet avancement est du reste très-variable ; à l'embou-

---

[1] Le Delta du Rhône fait sur la ligne du rivage une saillie plus marquée que celle du Nil, et son avancement est énormément plus rapide.
Sous le méridien d'Arles, il s'est avancé de 22 kilomètres depuis le iv° siècle

chure des branches de Damiette et de Rosette, il atteint jusqu'à 4 mètres dans une année, tandis qu'il est insensible sur d'autres points.

Tandis que les matériaux qui constituent en général l'accroissement du Delta sont limoneux, ce sont des sables siliceux qui se déposent sur la côte dans la baie de Péluse. M. le capitaine Spratt, se basant sur ce que les rochers de la carrière du Mex, qui se trouvent à l'ouest d'Alexandrie, sont calcaires, émit l'opinion que ces sables devaient venir entièrement du Nil ; mais, d'un autre côté, M. l'ingénieur Larousse, chargé de lever les plans des bouches du Nil, constata que les matériaux entraînés à la mer par ce fleuve se composaient invariablement de parties argileuses mélangées avec des parties siliceuses très-fines, toutes différentes des sables de la côte. M. Hawkshaw, président de la Société des ingénieurs civils de Londres, ayant été chargé en 1862 par S. A. Saïd-Pacha, de lui faire un rapport sur la situation du canal maritime,

de notre ère, ce qui fait une moyenne annuelle de 16 mètres ; et de nos jours la branche principale du Rhône prolonge annuellement ses rives de 50 mètres. M. Reybert a trouvé que, de 1841 à 1858, l'accroissement annuel avait été de 19 millions de mètres cubes, mais on admet généralement le chiffre de 17 millions. Les infusoires et les mollusques marins abandonnent dans ces limons leurs dépouilles, qui les enrichissent, d'après M. Delesse, de 30 p. %/0 de carbonate de chaux, de sorte que toutes les conditions se trouvent réunies pour que ces terrains soient d'une aussi grande fertilité que ceux du Nil. « Des travaux d'assainissement et d'irrigation, dit avec juste raison M. Reclus, pourraient faire de la Camargue une autre Égypte ; et sous ce rapport, la France a beaucoup à apprendre de l'antique pays des Pharaons. » (*La Terre*, pag. 505.)

porta particulièrement son attention sur cette question, et, après des analyses nombreuses, il conclut que les sables siliceux de Port-Saïd pouvaient très-bien provenir des carrières du Mex, dont les calcaires contiennent plus de 1 °/₀ de silice. « La matière qui résultera de l'érosion sera, dit-il, en premier lieu, plutôt calcaire qu'autre chose ; mais en s'éloignant de plus en plus de la roche mère, elle perdra peu à peu la partie calcaire, tandis que les parties siliceuses resteront. » Les rives du Nil ne sont formées, au contraire, que de limon « dont les parties les plus fines s'avancent et augmentent son Delta, comme elles l'ont fait depuis bien des années ; ces parties fines étant pour la plupart de la même matière que celles qui forment la surface aujourd'hui cultivée ». Ainsi, l'extension du Delta se fait à la fois par l'apport des matières limoneuses du fleuve et par celui des sables fournis par les rochers de la côte.

Conformément aux lois physiques, à l'allongement du Delta doit correspondre l'élévation du lit du fleuve et des terrains inondés. Toutefois, bien qu'on estime que les quatre cinquièmes des sédiments du Nil sont emportés à la mer, l'exhaussement est peut-être plus sensible que l'avancement. Dans des excavations faites aux environs du Caire, on a constaté l'existence de minces filets stratifiés, de couleurs légèrement différentes, qui indiquent évidemment un exhaussement progressif[1]. Il est également dé-

[1] Je dois pourtant mentionner le résultat contraire des forages faits dans le Delta, de 1851 à 1854, par Hekekyan-Bey, à l'instigation de la Société royale de Londres. On constata presque partout l'absence de tout

montré par ces anciens édifices enterrés à plus de 4 mèt. de profondeur dans les alluvions du Nil, ainsi que par l'antique Mekias de l'île de Roda, dont la graduation a été souvent modifiée, mais dont toutefois le 0, qui devait coïncider avec le fond de la rivière, se trouve bien au-dessous du fond actuel. La cote des inondations au Nilomè-tre s'est aussi considérablement élevée depuis les temps anciens.

On ne saurait donc nier l'exhaussement alluvial du Delta. MM. Girard et Rozières [1] l'estiment à 12 centimètres par siècle, à la hauteur du Caire et de Memphis, et en moyenne, pour toute son étendue, à 6 centimètres, évalua-tions qui ont été confirmées, à peu de chose près, par les résultats des travaux spéciaux de sir Gardner Wilkinson. M. Élie de Beaumont [2] a calculé d'après cela qu'il doit être sur les bords de la Méditerranée de 13 à 14 millimètres.

L'accroissement du Delta est du reste parfaitement annoncé par sa forme, qui est celle d'un cône de dé-jection torrentielle ; il doit donc se faire en étendue et en hauteur. Comme tous les torrents, et par ses crues périodiques il est comparable à un véritable torrent, le Nil se divise à son embouchure en plusieurs branches. Ces branches s'obstruent toutes successivement au bénéfice

caractère de stratification ou de séparation de couches, excepté sur les bords de la vallée, où l'on vit alterner avec le limon de minces couches de sable quartzeux, comme celui que des vents violents amènent quel-quefois du désert voisin. (Voy. Lyell; *Antiquité de l'homme prouvée par la géologie*, trad. Chaper, 1864, pag. 35.)

[1] *Description de l'Égypte.*

[2] *Leçons de géologie pratique.*

d'une seule, et on voit dans celle-ci une tendance évidente à prolonger le cours du torrent, par suite à étendre le Delta. La Pélusiaque a été, en effet, obstruée depuis les temps historiques, puisqu'elle fournissait, comme nous le verrons bientôt, l'eau du canal des Pharaons, et la tête du Delta s'est ainsi abaissée jusqu'au point où se séparent celles de Rosette et de Damiette[1]. Cette dernière elle-même a été dès-lors en s'affaiblissant, et elle aurait fini par disparaître aussi entièrement, si le Gouvernement n'avait entrepris la construction d'un barrage aux environs du Caire, pour diviser, proportionnellement aux besoins, les eaux entre les deux branches.

Les eaux du Nil, charriant continuellement des masses énormes de sable et de limon, et surtout à l'époque des grandes crues, ne manqueraient donc pas d'étendre considérablement le Delta dans la direction de la branche de Rosette, si elles ne rejetaient en même temps tous ces matériaux dans la mer. Mais celle-ci, dans laquelle ils sembleraient devoir se perdre, les reprend, les transporte dans le courant qui longe la côte de l'ouest à l'est, et les répartit sur tout le littoral du Delta et de l'isthme de Suez, contre lequel elle les pousse, sous l'influence des vents étésiens qui soufflent avec une constance périodique vers l'Abyssinie. En même temps, la mer travaille elle-même à élever le cordon littoral au-dessus de son niveau, de façon à soustraire de plus en plus les lacs à son envahissement. « Les flots

---

[1] Indépendamment de l'obstruction des branches, une autre cause doit tendre à faire descendre la tête du Delta : c'est l'action du courant, qui, en venant frapper contre la pointe, en ronge incessamment les rives.

venant expirer sur le rivage, dit Volney, poussent le sable et le limon qu'ils rencontrent en arrivant ; leur battement accumule ensuite cette digue légère et lui donne un exhaussement qu'elle n'eût jamais pris dans les eaux tranquilles.» Ainsi, l'accroissement du Delta se fait moins rapidement en longueur, mais il se fait sur une plus grande étendue.

Tandis que les lacs sont ainsi soustraits à l'envahissement des eaux de la mer, par le développement en tout sens du cordon littoral, les petites branches du Nil, qui viennent s'ouvrir directement dans ces bassins, doivent tendre de plus en plus à les combler. A la fin du siècle dernier, le lac Marœotis était desséché et offrait à l'agriculture un sol fertile et riche. L'amiral Keith et le général Hutchinson, pour priver d'eau douce les Français bloqués dans Alexandrie, coupèrent l'isthme qui le séparait de la Méditerranée, et le 14 avril 1801, la mer y fit de nouveau irruption et reconquit pour longtemps un espace qu'elle avait déjà abandonné.

Les choses ne manqueraient pas de se passer comme nous venons de le dire, et les lacs du littoral de se combler peu à peu, si l'action du Nil et de la mer n'était contrariée par aucune autre. Il en a été ainsi pendant longtemps, et même jusqu'à une époque assez récente ; mais aujourd'hui la variation du Delta est compliquée d'un nouvel élément agissant en sens inverse. Depuis quelques siècles, cette portion du continent africain est soumise à un mouvement insensible, mais réel et continu, d'affaissement qui contrebalance et détruit en partie les actions que nous avons cherché à mettre en relief dans ce qui précède.

Les ruines de Touneh et de Tennis sont aujourd'hui dans les marécages inondés du lac Menzaleh ; les anciennes branches Tanitique et Pélusiaque du Nil sont, avec leurs digues, au-dessous du niveau de l'eau dans ces lagunes ; les ruines de Péluse se trouvent sur une lande que les eaux de la mer recouvrent pendant une grande partie de l'année. De l'autre côté, aux environs d'Alexandrie, les tombeaux désignés improprement sous le nom de Bains de Cléopâtre, sont envahis par les vagues, et quelques-uns même sont au-dessous du niveau de la mer. On ne saurait se refuser à voir dans ces faits, avec sir Gardner Wilkinson, une grande présomption en faveur d'un affaissement dans les temps modernes.

Si Volney eût pu tenir compte de cet élément, il n'aurait certainement pas affirmé que tous les passages des historiens anciens sont loin de prouver, comme l'ont cru Savary et d'autres, que le Delta s'était considérablement avancé dans la mer depuis les temps historiques. « Comment, dit-il, le rivage, qui n'a pas gagné une demi-lieue depuis Alexandre, en eût-il gagné onze dans le temps infiniment moindre qui s'écoula de Ménélas à ce conquérant?» Ce que nous venons d'exposer répond à cet argument. Dans les temps anciens, l'action sédimenteuse du Nil et de la mer était aidée par l'exhaussement du continent, et l'avancement du Delta devait se faire rapidement. Dans les temps modernes, au contraire, elle est combattue par l'affaissement de la côte, et cet avancement ne se fait plus qu'avec une extrême lenteur ; si l'affaissement était même plus rapide, le Delta reculerait. Mais, d'une autre part, ce mouvement est favorable à l'accroissement en épaisseur: le lit du fleuve et les berges doivent s'élever au-dessus de leur ancien niveau, qui s'abaisse au-dessous de celui de la mer, ainsi que nous avons eu déjà l'occasion de le constater.

On a cherché à faire le calcul du temps que le Delta a mis pour se former ; mais dès le début on a été arrêté par la variation de l'épaisseur des sédiments alluviaux qui le composent, par suite des ondulations du fond. Dans la plaine de Gizeh, il a fallu creuser jusqu'à 61 pieds avant d'atteindre la base de l'alluvion, tandis que sur d'autres points on retrouva les couches pliocènes à 30 et même à 20 pieds de profondeur.

Des calculs sur son antiquité historique ont été basés également sur la profondeur à laquelle on a rencontré certains débris d'industrie humaine, mais ils sont loin d'offrir la moindre certitude, et nous ne les rapportons ici que pour mémoire. On a trouvé dans le limon du Nil, au-dessous de 18 mètres, des briques cuites ; en prenant pour accroissement probable de l'épaisseur du dépôt alluvial une base de 15 centimètres par siècle, et elle n'est aujourd'hui que de 6 centimètres, on arrive à une somme de 12000 années ; tandis que les briques cuites égyptiennes les plus anciennes, qui se trouvent au British Museum, ne datent que de 1300 ou 1450 ans avant Jésus-Christ. Mais qui nous dit que le dépôt se soit fait uniformément, que l'accroissement, qui est aujourd'hui de 6 centimètres par siècle, ait été en moyenne depuis l'origine de 15 centimètres, et non pas de 20, de 30, de 40? La quantité de matière répandue est variable suivant les lieux, la force des crues, la multiplicité des canaux, etc., et il est impossible d'en fixer pour le passé la moyenne même approximativement.

Un autre fragment de brique a été trouvé par M. Linant-Bey, dans le même limon, à 22 mètres de profondeur, et à 60 ou 90 centimètres au-dessous du niveau de la Méditerranée. En prenant pour base du calcul un accroissement de dépôt de 63 millimètres par siècle, qui est le chiffre actuel, on arrive pour l'âge de ces débris à 30 000 ans. M. Lyell, qu'on ne taxera certes pas de timidité, puisqu'il n'hésite pas à attribuer plus de 50 000 ans à l'antiquité de l'homme et un minimum de 100 000 ans à l'âge du delta du Mississipi, donne à des calculs de ce genre leur véritable valeur, en disant que « si le forage de Linant-Bey a été fait sur un point où un bras du fleuve aurait été comblé au temps où le Delta était plus reculé vers le sud, c'est-à-dire plus loin de la mer que maintenant, la brique en question peut être relativement très-moderne[1]. »

[1] Lyell, *loc. cit.*, pag. 39.

IV.

La région Sciathique et l'Isthme de Suez.

La chaîne Lybique, qui limite la rive gauche de la vallée du Nil, se dévie brusquement de sa direction primitive à la hauteur des ruines de Memphis , s'incline vers l'occident et va former, en s'abaissant toujours, la côte de la Méditerranée. Par ce changement de direction, elle donne place au désert des lacs à natrons de la région Sçiathique.

De l'autre côté de la vallée, la chaîne Arabique descend jusqu'à la hauteur du Caire, où elle est brusquement interrompue à angle droit, formant vers le nord un rempart qui court en se relevant légèrement dans la direction de Suez. Les couches presque horizontales de l'Attaka , et celles des contreforts du Sinaï qui leur correspondent, arrêtées verticalement les unes et les autres au-dessus de la mer Rouge, témoignent en ce point d'une rupture dans leur continuité primitive. Les observations que j'ai pu faire à cet égard à mon passage à Suez s'accordent parfaitement avec celles plus détaillées qu'un séjour prolongé dans cette ville a permis à M. Léon Vaillant de recueillir[1].

Les couches, d'abord horizontales, se relèvent vers la mer Rouge, et celles du sommet de la montagne, qui atteint une hauteur de 1 200 pieds, se répètent à sa base, ce qui indique une faille parallèle à la direction de cette chaîne.

[1] *Bull. de la Soc. géol. de France*, 2e série, tom. XXII, pag. 277-286.

Grâce aux colorations tranchées de certaines de ces assises, tout cela est très-distinct, même de loin, et le voyageur peut très-bien le reconnaître en parcourant la ligne ferrée de Suez au Caire. M. Vaillant, en faisant l'ascension de l'Attaka, a reconnu dans les couches inférieures du système le terrain crétacé supérieur caractérisé par *Hippurites cornu-vaccinum, H. organisans, Ostrea larva*, etc., et dans les parties supérieures le terrrain tertiaire inférieur caractérisé par *Trochus funiculosus, Terebellum convolutum, Corbula gallica, Corbis lamellosa, Orbitolites complanata*, etc., recouvertes de blocs d'origine évidemment lacustre, avec *Potamides* et *Cerithes*. Ainsi, l'Attaka est bien la terminaison de ce grand plateau égyptien que nous avons essayé de décrire dans un chapitre précédent, et qui est constitué dans la majeure partie de son développement par les formations crétacées et éocènes.

La chaîne Arabique se relève encore au nord en quelques points formant des collines de plus en plus basses, comme le Gebel Awebet, qui offre la plus parfaite identité de stratification avec la partie supérieure de l'Attaka, les monticules voisins de Djaffra et de Dar-el-Hamra ; et de l'autre côté de la dépression où passe le chemin de fer de Suez au Caire, le Gebel Ahmed-Taher. et le Gebel Geneffe, voisin du bassin des lacs Amers. Ce sont là les derniers chaînons de la chaîne orientale du plateau Égyptien, contre lesquels s'appuient les couches horizontales des marnes argileuses et des sables pliocènes qui constituent l'isthme de Suez.

Ces marnes et ces argiles, comme celles que nous avons

déjà signalées dans la vallée du Nil, sont entrecoupées de filons et de veines de gypse renfermant des rognons d'ocre et de sel marin. Les sables, tantôt compactes, tantôt mouvants, forment à la surface les dunes qui sillonnent le désert.

Dans la portion qui s'étend entre le Caire et Suez, on trouve, épars sur le sol et même enfouis dans le sable, de nombreux fragments de silex, quelquefois d'une grosseur considérable, présentant l'aspect de troncs d'arbres et de branches, dans lesquels on reconnaît parfaitement la place des vaisseaux et des fibres ligneuses. Le principal gisement de ces bois silicifiés se trouve à une heure environ au nord-est du Caire; les voyageurs vont le visiter comme une des curiosités naturelles de cette région, et l'ont appelé improprement *la forêt pétrifiée*. La fibre ligneuse a été remplacée par la substance siliceuse; « l'arbre a disparu, mais il reste la contre-épreuve moulée en agathe ou en caillou [1]. » Ce sont des palmiers qui constituent principalement les bois fossiles des environs du Caire; mais on y a aussi remarqué une espèce de bambou, le sycomore, etc.

Un savant voyageur, M. Itier, a étudié d'une façon toute spéciale ce phénomène de la silicification, qui, d'après lui, n'est pas localisé seulement dans les forêts pétrifiées, mais s'étend sur toute l'Égypte [2]. Il l'attribue à l'action de grandes éruptions d'eaux siliceuses, intimement liées avec les phénomènes volcaniques de la fin de l'époque tertiaire

---

[1] Eusèbe de Salles; *Pérégrinations en Orient*, pag. 214.
[2] *Bul. de la soc. géol. de France.* 2ᵒ série, tom. XXV, pag. 277-284.

et contemporaines en Égypte du diluvium. Il a observé notamment à 2 kilomètres de la forêt pétrifiée du Caire , des puits naturels qui lui paraissent être un des points d'où ces eaux ont jailli à la façon des *Geysers* de l'Islande. « Ces trous en forme de cratère , d'un mètre et plus de profondeur sur quelques mètres de diamètre, sont tapissés de petits cristaux de quartz et d'un tuf blanc siliceux arénacé, souvent lustré , coloré par zones horizontales de teintes dégradées rouges, violettes, jaunes et verdâtres. »

M. Itier retrouve des témoins de ces courants d'eaux siliceuses, non-seulement dans les bois fossiles du Caire, de Gizeh et de la vallée de Gessen, mais aussi dans ceux du désert de Kars, dans les coquilles fossiles siliceuses de la Thébaïde et du désert Lybique, etc.

D'après lui, ce phénomène de la silicification, qui a eu sa plus grande extension au commencement de la période quaternaire, peut encore s'observer de nos jours. Ce sont des corps organisés des deux règnes dont la modification partielle et incomplète indique une action lente mais incessante de l'acide silicique. « Une poussière siliceuse s'agglutine autour des tiges des graminées, des joncs et des jeunes pousses de tamaris (*Tamaris africana*), et détermine peu à peu la mort du végétal, dont le carbone remplacé, molécule à molécule, par la silice, n'est plus représenté que par la forme qu'il occupait dans la plante. » Les parois des petites habitations de la larve du *Formica-leo* se consolident par l'agglutination des grains siliceux; les graminées et les palmiers se recouvrent dans le désert d'une incrustation de poussière blanche siliceuse. Enfin, M. Itier cite à l'appui de cette opinion, des observations du Dr Pruner, « qui assure avoir vu des fragments de momies de divers animaux, dans lesquels il aurait constaté un commencement de silicification et des incrustations de silice cristallisée enveloppant divers organes ».

En résumant tout ce que nous avons exposé jusqu'à ce moment, nous pouvons considérer les deux chaînes montagneuses, et la vallée primitive qui les sépare, comme formant l'ossature, le squelette de l'Égypte actuelle, dont les marnes argileuses et les sables de l'époque pliocène, avec les alluvions du Nil, sont en quelque sorte la chair et les muscles. Le grand fleuve et ses nombreux canaux constituent le système vasculaire qui, se répandant dans toute la masse charnue, y porte le sang et la vie.

Pendant la fin de la période tertiaire, cette masse charnue n'existait pas, ou ne s'était pas encore montrée. Tout l'espace qu'elle remplit aujourd'hui à la base de la vallée, était occupé par la mer, qui pénétrait dans celle-ci comme dans un golfe. C'était la mer de l'époque pliocène, qui venait battre contre les falaises des promontoires de l'Attaka et du Mokattan, et qui était resserrée en forme de détroit entre la chaîne Arabique et celle du Sinaï. Des îles surgissaient çà et là, au nombre desquelles les plus importantes étaient les Gebel Awebet et Geneffé. Pendant cette période, se déposaient au fond de ces eaux les sédiments qui ont constitué les couches pliocènes, postérieurement émergées.

Ces sédiments varient de composition, de caractères et de fossiles, suivant les lieux où on les observe. Aux environs du Caire, ils se présentent sous la forme d'un grès calcaire qui, plus loin, devient marneux, se colore en jaune et contient du sel marin, du gypse fibreux et des filons de baryte sulfatée, ainsi que de nombreux fossiles. Ce qu'il importe de remarquer, c'est que ceux-ci ont pour la plupart leurs correspondants dans la mer Rouge et la Méditerranée. Ces deux mers, qui forment aujourd'hui deux provinces zoologiques distinctes, ont donc contribué également à étendre ces matériaux ; elles mêlaient alors leurs eaux, et l'analogie des fossiles avec les espèces aujourd'hui vivantes, non moins que leur position stratigraphique, nous apprennent que cela se passait à une époque géologiquement très-récente.

Ailleurs, c'est une argile cendrée avec des rognons d'ocre et de pyrite de fer, du sel marin et du gypse ; ailleurs encore, une agglomération de sable et de cailloux, une marne argileuse bleuâtre, vert pâle ou jaune de rouille. Enfin, vers la base de l'isthme de Suez, c'est un grès compacte, plus ou moins caverneux, et passant à l'état de tuff argileux, facilement entamé par l'ongle.

A mesure qu'on se rapproche de l'embouchure de la vallée primitive du Nil, et dans cette vallée elle-même, les dépôts de cette époque offrent des alternances et même un mélange de coquilles fluviatiles et marines, comme on doit s'attendre à l'observer à l'embouchure d'une vallée, où un grand cours d'eau porte, pendant des crues périodiques, ses sédiments au sein d'un golfe dans lequel la mer dépose constamment les siens. Des sondages faits de nos jours dans la Méditerranée auprès des bouches du Nil, offriraient un ordre et un mélange pareils dans les dépôts actuels.

A mesure que le mouvement ascensionnel du continent, que nous avons constaté dans les chapitres précédents, rapprochait de la surface des eaux les dépôts pliocènes, les mers, luttant dans le détroit, les déchiraient et les ravinaient profondément ; puis, quand ils furent près d'émerger, les flots, venant expirer au-dessus d'eux sans force et sans lutte, accumulèrent dans les sillons qu'ils avaient creusés des sables, qu'ils étendirent aussi sur la surface de tout le détroit.

Plus tard, lorsque l'émersion d'une partie de ces terrains eut commencé à séparer les deux mers, des sables calcaires se déposèrent le long du littoral africain et asiatique, et, émergés à leur tour, ils ont formé les plaines couvertes de sables coquillers qui se prolongent sur la côte d'Asie jusqu'au-delà de Jaffa ; mais alors, l'époque tertiaire était irrévocablement close.

La Méditerranée et la mer Rouge, qui, au milieu de nombreuses espèces particulières de mollusques, avaient eu des espèces communes, virent le nombre de celles-ci se restreindre de plus en plus, et elles commencèrent à former deux provinces zoologiques parfaitement limitées. La spécialisation des faunes malacologiques de ces deux mers a été longtemps une objection que l'on s'est plu à opposer à l'idée de leur union dans un passé géologiquement peu éloigné,

L'histoire que nous venons de faire de la formation des terrains pliocènes de la basse Égypte, dans lesquels ces deux faunes sont réunies, est au contraire un argument sans réplique en faveur de cette opinion.

Nous ajouterons que, quelles que soient du reste la réalité et l'importance de la différence actuelle de ces populations marines, elle est loin d'être absolue. On a trouvé dans la mer Rouge quelques espèces méditerranéennes. Celui qui fit cette découverte, fut un ingénieur civil qu'une mort prématurée vint arrêter, lorsqu'il commençait à se faire un nom dans la science par ses travaux de géologie sur la haute Égypte. M. Lefèvre récolta notamment, dans les environs du port de Thor, les *Cassidaria thyrena* et *echinophora* de Lamark, le *Dolium olearinum*, la *Nerita canrena* de Gmelin, qui sont toutes des espèces très-abondantes dans notre Méditerranée. D'après M. le professeur de Filippi [1], la proportion des coquilles communes aux deux mers est de 1/5 pour les bivalves et de 16 p. % pour les univalves ou gastéropodes.

Prétendra-t-on que ces espèces avaient pu émigrer d'une mer dans l'autre, à travers le canal creusé par les anciens pour les faire communiquer? Il suffirait presque de citer une pareille hypothèse pour pouvoir se dispenser de la réfuter, s'il n'était au moins fort douteux, pour ne pas dire plus, qu'un tel canal ait jamais existé. Les anciens ont en effet porté leurs efforts, moins vers une communication directe

---

[1] *Atta della Società italiana di scienze naturali*, vol. **VII**, pag. 280. **Milan, 1864.**

des deux mers que vers une communication indirecte par
l'intermédiaire du Nil , dont le lit suffisait à leurs navires.

Après l'émersion des marnes argileuses à gypse de l'é-
poque pliocène et la séparation des deux mers, l'isthme
fut constituée. Elle offrit dès-lors un relief absolument
semblable à celui qu'elle a de nos jours.

Au centre, sur une longueur de 41 kilomètres, un seuil,
formé de sable siliceux et de couches d'argile gypseuse,
atteignant l'altitude de 18 mètres au-dessus de la mer, aujourd'hui séparé en deux par la dépression occupée par le
lac Timsah. Les couches gypseuses qui le constituent en
partie ont un tel développement, que dans les environs
d'El-Kantarah, où elles sont coupées par le canal maritime, on rencontre un banc de gypse qui atteint 1 mètre
d'épaisseur et peut être suivi sur 3 kilomètres de longueur.

Au sud de ce seuil est la cuvette des lacs Amers, longue de
37 kilomètres et creusée dans les marnes à gypse. A mesure
que le mouvement ascensionnel s'accomplit, cette pointe du
golfe en fut à son tour séparée par un seuil peu élevé, long
de 22 kilomètres et recouvert d'alluvions marines très-
modernes, qui témoignent de son immersion pendant le
cours de la période géologique actuelle. D'après des fouilles
faites non loin de l'embouchure de l'ancien canal en 1799
et 1847, le plafond en était à 1 mètre au-dessus des basses
mers, et formé par le gypse en place. En ce point donc,
c'est-à-dire entre Suez et les lacs Amers, les couches pliocènes n'ont pas été élevées à plus de 1 mètre au-dessus
de la mer, tandis qu'elles l'ont été beaucoup plus aux seuils

du Sérapéum et d'El-Guisr, qui forment le centre de l'isthme et en ont été les premiers points émergés. Dans le premier de ces seuils, en effet, le canal d'eau douce actuel coupe un banc de grès calcaire contenant des coquilles marines de l'époque pliocène, qui se tient à un niveau de 7 à 8 mèt. au-dessus de la mer, s'étendant avec une puissance d'environ 0^m,50 sur une surface inconnue.

Il nous paraît probable qu'à l'époque de la captivité des Hébreux en Égypte, l'espace qui sépare aujourd'hui les lacs Amers de la mer Rouge, émergé en partie seulement, offrait l'apparence de lagunes guéables seulement à marée basse. On sait comment l'Éternel, qui fait servir les causes naturelles aux fins miraculeuses de ses décrets, engloutit les armées du roi d'Égypte dans les eaux de la mer, qui, sous l'influence d'un grand vent, avaient livré passage au peuple d'Israël. Il est certain qu'à une époque assez récente la mer arrivait encore jusqu'auprès de Chalouf, et qu'elle a reculé depuis lors d'une quinzaine de kilomètres; mais la plaine qu'elle a abandonnée entre Suez et Chalouf n'est pas encore complètement à l'abri de ses invasions. Elle est à peu près à la hauteur des hautes marées, et lorsque, à l'époque des équinoxes, les flots sont poussés par un coup de vent du sud, ils arrivent jusqu'au pied du plateau de Chalouf et laissent ensuite, en se retirant, une immense étendue couverte d'efflorescences salines.

Lepère pensait également que, du temps des premiers Pharaons les lacs Amers, faisaient encore partie du golfe

Arabique, et il estime que le silence absolu d'Hérodote à leur égard vient à l'appui de cette conjecture.

MM. les capitaines d'état-major Ferret et Galinier, envoyés en mission en Abyssinie, ont reconnu à côté de ces lacs des dépôts de coquilles identiques avec celles qui vivent encore aujourd'hui dans la mer Rouge, et Lepère avait signalé sur leur pourtour deux zones concentriques de coquillages qui en marquaient les limites et correspondaient aux laisses de haute et basse mer. D'après M. Talabot, ces laisses de coquillages sont loin de prouver une communication libre de ce bassin avec la mer, car, loin d'être exclusivement marines, ces espèces sont analogues, au contraire, à celles qui vivent dans le lac Menzaleh. « Cela prouve donc simplement, dit-il, qu'à l'époque de leur dépôt le niveau le plus élevé des eaux douces dans ce bassin différait peu de celui de la haute mer. Et aujourd'hui que les eaux douces ne viennent plus dans ces lacs, des eaux amères y sont déversées par des sources salines, qui existaient aussi autrefois et donnaient naissance, sans le concours de la mer, aux dépôts profonds. » Ces observations de M. Talabot sont parfaitement justes, mais elles n'empêchent nullement d'admettre l'ancienne réunion de ces lacs au golfe Arabique, et plus tard une relation entre eux et ce golfe, analogue à celle qui existe entre les lacs du littoral du nord et la Méditerranée ; s'il y avait dans cette mer des marées de 1^m,50, elles envahiraient le lac Menzaleh.

Cette extrémité du golfe Arabique recevait d'ailleurs des affluents considérables d'eau douce, comme cette branche du Nil dont un banc d'*Etheria caillaudi* subfossile a signalé l'ancienne présence dans les environs de Chalouf, et plus tard l'ancien canal des Pharaons ; aussi, au dire de Strabon, les eaux de ces lacs étaient alors douces et produisaient du bon poisson en abondance. C'est dans cette période que ces eaux fluviales, se mêlant avec celles des sources salines, ont donné à la vie de ces lacs un régime analogue à celle du lac Menzaleh. Depuis que l'eau douce ne vient plus dans ce bassin en si grande abondance, il a été vite desséché sous l'influence d'une évaporation que l'on a calculée être de 1 centimètre de hauteur par jour et de 2 cent. dans la saison chaude. Aujourd'hui les sources chargées de sel qui jaillissent dans ses parties les plus profondes, y ont établi un régime normal qui en fait une sorte de marécage rempli d'eau salée et amère, et entouré de toutes parts de boues molles et salines.

Comme le fond de ce bassin est à 6 ou 7 mètres au-dessous du niveau de la mer, on peut se demander si ces sources ne sont pas des infiltrations des eaux du golfe, qui se chargent de sels en traversant les couches pliocènes, si riches en incrustations de sel marin et de gypse[1]. Cela

---

[1] On retrouve les traces de ces bancs de sel gemme de l'époque tertiaire, non-seulement dans les déserts de l'Égypte et de la Lybie, mais aussi sur les bords de la mer Morte, et en Algérie dans le voisinage des Chotts. M. Dubocq, dans un travail sur la constitution géologique des Zibans, publié en 1853 dans les *Annales des mines* (5ᵉ série, tom. II, pag. 249), attribue la salure de ces lacs « au dépôt de matières salines dont les eaux se chargent dans leur parcours, et qu'elles abandonnent ensuite, lorsqu'elles sont absorbées par les rayons solaires, ainsi que cela s'observe pour tous les bassins fermés de l'Algérie ». (Cité par L. Lartet, *loc. cit.*, pag. 423.)

paraît d'autant plus probable, que si dans la cuvette des lacs on ne trouve presque que des boues ou des eaux bourbeuses, lorsqu'on vient à rencontrer une fissure ou une crevasse du terrain, on la voit pleine d'une eau limpide et extrêmement salée et amère.

Les sels dont ces eaux sont chargées sont principalement du sel marin, du *natron*, provenant de la décomposition de celui-ci par le carbonate de chaux qui se trouve dans la terre humide, et quelque peu de sulfate de soude produit par la double décomposition du gypse et du sel marin.

Ces lacs ne sont pas les seüls en Égypte à présenter des dépôts salins provenant de la décomposition, sous l'action de l'eau, des sels du terrain pliocène en éléments qui se recombinent de manière à former d'autres combinaisons salines.

Dans les environs de Suez, s'il vient à pleuvoir, on voit après l'évaporation la surface du sol se couvrir d'efflorescences salines et présenter l'apparence d'un sol couvert de neige. Nous avons pu observer ce phénomène lors de notre passage dans cette partie de l'isthme. Les lacs à natron que l'on trouve dans le Delta, et principalement dans le désert Lybique, dans la région de l'oasis d'Ammon et de Terraneh, n'ont pas d'autre origine. Ces derniers sont au nombre de six, et c'est tantôt le carbonate de soude, tantôt le chlorure de sodium, qui domine dans leurs dépôts.

Les eaux de l'un d'eux et le sel marin qu'elles déposent sont colorés en rouge, comme le sel gemme des mines de Dieuze. M. Payen attribue cette coloration à de petits crustacés ; M. Joly, qui l'a observée également dans les marais salants de l'Hérault, aux cadavres d'animaux infusoires (*Hematococcus salinus*), et **M.** Turpin à de petits végétaux (*Protococcus salinus*). Ce sont des végétaux analogues (*Protococcus nivalis*) que **M.** Martins a retrouvés colorant également en rouge les neiges du Spitzberg.

La présence du sulfate de soude s'explique naturellement par la décomposition du gypse. Toutefois, cette explication ne pourrait guère s'appliquer à celui des lacs à natron des terrains pliocènes du Kordofan et du Darfour, dans lesquels on n'a pas encore reconnu de gypse. **M.** Figari pense que pour ceux-là il faut rapporter l'origine de ce sel à une action plus profonde qui se rattacherait à des éruptions volcaniques dont on retrouve les traces dans les environs de la plupart de ces lagunes.

D'après d'Anville, la séparation des lacs Amers d'avec la mer Rouge n'aurait eu lieu qu'à une époque assez moderne, et leur bassin aurait été le golfe désigné par les anciens sous le nom de *golfe Héroopolitain*, qu'il tirait de la ville d'*Héroopolis*, située sur ses bords. Cet auteur croit que cette ville était la même que l'itinéraire d'Antonin et les Septante placent sous le nom d'Héro, dans la vallée de Gessen, entre Pithoum et le Sérapéum. C'est aussi là, et en en faisant une même ville avec la *Ramessès* de l'Exode, que la placent les cartes de la Compagnie, tandis que d'autres géographes ont cru devoir la rapprocher au contraire des environs de Suez. Sans chercher à discuter l'emplacement d'Héroopolis, nous pouvons, d'après tout ce que nous venons de dire, regarder l'époque de cette séparation comme sans doute plus ancienne que ne le croyait d'Anville. Mais il ne faudrait pas non plus, tombant dans un excès contraire, affirmer, parce que la séparation est formée par des gypses tertiaires, qu'elle est bien antérieure à l'existence de l'homme.

Nous avons vu en effet que ces argiles à gypse appartiennent à la portion de la période tertiaire la plus récente ; il est donc évident qu'à cette époque-là, c'est-à-dire à la fin de l'âge pliocène, l'espace qu'ils occupent était encore recouvert par les eaux de la mer. Ce n'est qu'à la fin de l'ère tertiaire, et probablement pendant la période post-pliocène, que leur émersion a eu lieu. Cette émersion s'est faite lentement, et une ou deux îles ont apparu d'abord au centre : c'étaient les rudiments des seuils qui entourent le lac Timsah et qui forment le centre de l'isthme. Le mouvement ascensionnel se poursuivant, la mer a reculé peu à peu devant la terre, mais le seuil de Suez n'a apparu que longtemps après les premiers, comme le témoigne son altitude moindre que la leur. Il n'y a donc rien d'invraisemblable ni d'impossible à supposer que son émersion n'a eu lieu qu'après l'apparition de l'homme dans ce pays, un des plus anciens dans l'histoire de l'humanité et de la civilisation.

Un des points de cette portion de l'isthme dont l'émersion est la plus ancienne, est le cap de Suez, qui est comme le prolongement d'un bras jeté par le seuil de ce nom dans les eaux de la mer Rouge. Ce cap est constitué jusqu'à sa surface par cette même argile à gypse qui forme tout le sol du désert. Cette couche d'argile, qui repose elle-même sur une sorte de calcaire jaune contenant des débris de coquilles mal conservés et indéterminables, va en s'abaissant graduellement vers la mer et s'étend sous toute la rade.

Mais depuis l'époque où cet état de choses a commencé d'être, la mer, sans cesse en mouvement, a continué son travail d'érosion et de sédimentation. Au moment des marées basses, les courants qui revenaient de la plage des deux côtés du cap de Suez, séparés d'abord par celui-ci, ne se rejoignaient qu'à une certaine distance de sa pointe. Au-devant de celle-ci, jusqu'à leur point de réunion, l'eau restait relativement tranquille ou éprouvait un mouvement en sens inverse, c'est-à-dire de la mer vers la terre, dû au remous. Par suite de ce mouvement, les eaux apportaient et déposaient au-devant du cap des cailloux, des sables, des pierres roulées.

C'est ainsi que s'est formée cette langue de terre qui s'étend en avant de Suez et qui est en partie à sec à marée basse. C'est à son extrémité que la compagnie des Messageries impériales a fait construire dans ces derniers temps, pour le compte de S. A. le vice-roi, un bassin de radoub et de carenage, nécessité par les besoins et l'extension des lignes de navigation de l'Indo-Chine par la mer Rouge.

L'ingénieur qui dirigeait ces travaux lorsque je les ai visités, M. Stœcklin, savait faire à ses compatriotes et à tous les étrangers un aimable accueil; mais je dois, pour ma part, le remercier ici particulièrement des renseignements qu'il m'a donnés, et de l'amabilité avec laquelle il m'a fait part de ses observations sur l'origine des couches dans lesquelles ils sont établis.

Ce travail par lequel la mer aide la terre à gagner sur elle, se poursuit toujours le même. Au bout de la langue de terre où est creusé le bassin de radoub, mais en retrait sur elle, s'en trouve une autre en voie de formation par les mêmes causes, c'est-à-dire le remous à l'extrémité de la bande déjà formée.

La tranchée faite pour les travaux de ce bassin a coupé tout cet atterrissement moderne, de sorte que le voyageur qui l'a visitée, comme nous, avant que les murs de soutènement aient été construits, a pu compter et étudier aisément les couches dont il est formé, et se convaincre qu'il a bien affaire ici à un dépôt régulier d'origine toute récente. On pouvait en effet reconnaître alors au-dessus de l'argile, qui constitue ici le sol primitif, et qui est, comme dans le désert, très-feuilletée et entrecoupée de filons irréguliers de gypse, trois couches bien distinctes.

A la base, c'était d'abord une assise de poudingue d'une épaisseur d'environ 3 mètres, d'une couleur jaunâtre, et renfermant de tout, même du gypse, ce dont on ne s'étonnera pas, puisqu'elle a été formée aux dépens de l'argile à gypse sur laquelle elle repose. Ce poudingue est d'autant plus dur qu'on l'examine plus près de la base, ce qui peut être attribué à la fois à la plus grande ancienneté de ces parties et à la plus grande pression à laquelle elles ont été soumises, puisqu'elles ont dû supporter, de plus que les supérieures, le poids de celles-ci. Ce qui nous permet de le croire ainsi, c'est que cette partie dure ne se retrouve pas à la base de la petite langue en voie de formation à l'extrémité de la première.

Comme cette couche de poudingue est due uniquement au remous, ainsi que je l'ai expliqué plus haut, elle ne se retrouve qu'en avant du cap, se perdant à droite et à gauche, de sorte que dans la rade la seconde couche repose immédiatement sur l'argile. On en retrouve pourtant çà et là quelques îlots qui paraissent évidemment détachés d'un tout plus considérable, ce qui a fait penser à quelques personnes que cette assise s'étendait primitivement partout, et qu'elle a été enlevée, là où elle manque, avant le dépôt de la couche supérieure.

Outre la difficulté d'en expliquer alors la formation, puisque le remous ne pouvait pas agir sur la rade entière, il y aurait encore celle d'expliquer cette profonde et vaste érosion. Comment les marées, dont le mouvement aurait formé ce dépôt pendant une première période, auraient-elles subitement changé de façon d'agir pour l'enlever plus tard partiellement? Comment, en outre, comprendre que la cause quelconque d'une semblable érosion eût respecté, sans que rien dans l'état des choses ne le légitimât, les îlots dont on cherche à expliquer ainsi l'existence? Nous aimons mieux croire, avec M. Stœcklin, que le banc de poudingue ne s'est formé que là où on l'observe encore aujourd'hui, et que les petits îlots de cette assise, qu'on retrouve isolés dans la rade, en ont été détachés postérieurement et entraînés tout formés sur les points où on les rencontre.

La seconde assise que présente la coupe du bassin de radoub a à peu près la même épaisseur que la précédente (2^m,50), mais avec une composition toute différente. Elle est due en effet à une cause sédimentaire toute autre; elle a été étendue par l'action générale du mouvement des ondes et formée de matériaux sans cesse roulés, remaniés et pulvérisés par le frottement. Aussi, au lieu d'être constituée, comme la précédente, par des fragments plus ou moins gros arrachés à la plage voisine et accumulés en un seul point, elle est formée d'un sable vaseux étendu sur toute la rade, où elle repose directement, par suite de l'absence que nous avons déjà constatée de l'assise du poudingue sur l'argile à gypse elle-même.

Ce dépôt passe, à sa partie supérieure, à un sable gris de fer, qui forme une troisième assise de la même puissance que la précédente, et dans laquelle, comme dans celle-ci, on trouve de nombreuses coquilles parfaitement conservées, appartenant aux espèces qui peuplent aujourd'hui la mer Rouge. J'en ai recueilli un grand nombre des genres *Trochus*, *Murex*, *Capsa*, etc.

Cet ensemble est surmonté d'une dernière assise en voie de formation, dont l'épaisseur moyenne actuelle est d'environ 30 centimètres, formée de sables, de débris de coquilles, de madrépores, etc. C'est le fond de la mer ; mais ce que ce sable coquillier offre ici de particulier, c'est qu'exposé à l'air, il durcit et forme à sa surface une croûte, sorte de mollasse ou de grès coquillier · tout récent, qui peut être exploité comme pierre de taille.

Cette disposition des dépôts de la mer Rouge à se lapi-

difier promptement est fort intéressante, car elle permet
au voyageur d'assister en quelque sorte à la mise en œuvre .
des procédés dont le géologue étudie les résultats dans les
feuillets du globe terrestre.

L'observation des terrains coupés par les travaux du
bassin de Suez, nous a pour ainsi dire rendus témoins de la
formation toute récente d'une série de couches, et nous
avons pu constater les différences de procédés auxquels
elles sont dues. La dernière que nous y avons indiquée nous
a montré, ainsi que la plus profonde, comment ces sédiments durcissent et se consolident.

La rapidité et l'actualité de cette seconde action peut
encore s'observer au pied de la montagne de l'Attaka et
sur tout le pourtour de la rade. On y trouve des accumu-
lations de pierres de formation toute récente, et si dures
que les entrepreneurs du bassin de radoub les ont employées, concurremment avec les calcaires nummulitiques
et crétacés, pour leurs constructions en maçonnerie. Elles
sont formées par une agglutination de cailloux, de sable et
de coquilles, et constituent un phénomène qui avait attiré
l'attention de la Commission internationale, qui les a ap-
pelés *sables lapidifiés*.

Ce n'est pas dans les environs de Suez seulement que
l'on rencontre des dépôts de formation récente; nous avons
déjà signalé dans l'intérieur de l'isthme ces bancs à *Éthéries*
qui témoignent du passage d'un ancien bras du Nil, venant se jeter probablement dans le golfe des lacs Amers.
Près d'Ismaïlia, vers le seuil d'El-Guisr, on a aussi observé

une couche de conglomérat très-récent, d'origine fluviatile et lacustre, renfermant des coquilles de *Cyclostomes*. Non loin de là, près du châlet du vice-roi, qui domine les lagunes du lac Timsah et d'où la vue s'étend jusqu'aux montagnes de Suez, on a trouvé une grande quantité de débris osseux d'un poisson qui vit, dit-on, dans le Nil, et vivait il y a peu d'années encore dans le lac Timsah, la *Lote* (?)[1]. Les uns se trouvent dans le sable et ne sont nullement altérés; les autres, complètement fossilifiés, se rencontrent dans une couche argileuse.

Au nord, les couches d'argiles à gypse qui forment, comme nous l'avons dit, le centre de l'isthme, sont chaussées par les alluvions du Nil et les vases des lacs Ballah et Menzaleh, dont les berges sont sillonnées par des laisses de coquilles appartenant aux espèces qui vivent actuellement dans ces étangs. Ici, comme du côté de Chalouf, l'isthme s'est agrandi aux dépens de la mer depuis une époque relativement récente. « Les atterrissements du Nil, dit M. Lavalley, les dépôts de la mer, des soulèvements du sol, ont fait reculer la Méditerranée d'environ 60 kilomètres, laissant derrière elle des lacs sans profondeur, ou plutôt des marais séparés les uns des autres par des terrains bas. Ces marais ont reçu les noms de lac Ballah[2] et lac Men

---

[1] Je ne donne ce détail et ce nom, que je dois à une communication d'un des agents de la Compagnie du canal maritime, qu'avec un point de doute et sous toute réserve, les *Gades* d'eau douce étant des poissons de l'Europe et de l'Amérique septentrionales.

[2] *Rapport sur les travaux du canal maritime de l'Isthme de Suez*, lu à la Société des ingénieurs civils de Paris les 7 et 21 septembre 1866.

zaleh. » La formation de cette portion appartient donc en quelque sorte à l'histoire du Delta.

En somme, en résumant tout ce que nous venons de dire, nous remarquerons à travers l'isthme de Suez une vaste dépression qui va de la mer Rouge à la Méditerranée à travers les lacs Amers, Timsah, Ballah et Menzaleh, dont les fonds sont situés au-dessous du niveau de la mer. Cette vallée est coupée par trois seuils de l'époque pliocène, qui sont de plus en plus élevés au-dessus de ce niveau à mesure qu'on va du sud au nord, c'est-à-dire de l'Érythrée à la Méditerranée : les seuils de Chalouf (13^m), du Sérapéum (11^m) et d'El-Guisr (18^m).

Dans tous les terrains modernes que nous venons d'énumérer comme se formant des deux côtés de l'isthme, on ne doit plus s'attendre à trouver, comme dans ceux de l'époque pliocène, et c'est ce qui les distingue ici, un mélange des deux faunes de la Méditerranée et de la mer Rouge, si ce n'est par la présence des quelques espèces communes aux deux mers. On pourra toutefois y retrouver les mêmes espèces terrestres, qui témoignent que ces mers baignaient, lors de leur dépôt, les côtes d'une même province zoologique terrestre, et dont les débris sont apportés par les cours d'eau dans les sédiments d'une mer aussi bien que dans ceux de l'autre.

Les vases du lac Menzaleh ont fourni le thème d'une des objections le plus souvent opposées à l'exécution du canal maritime. Elles sont, dit-on, très-fluantes, et il est

à craindre que les berges du canal ne puissent y être établies solidement.

Pour réduire cette objection à sa juste valeur, il faut dire
d'abord qu'elle ne peut porter que sur une portion assez
restreinte de la traversée des lacs. En effet, de Port-Saïd
jusqu'au kilomètre 7, c'est le sable qui domine, sable
dense et compacte dans lequel les pieux prennent très-
bien. Les trois kilomètres suivants sont dans un sable argileux qui donne également de bons remblais. C'est entre
le kilomètre 10 et le kilomètre 39, qui correspond au Cap,
que se trouvent les vases, mais non d'une façon uniforme.
Ce sont des argiles plus ou moins compactes reposant, sur
d'assez larges espaces, sur des terrains plus mous, mais
beaucoup plus consistants que ne le ferait supposer la dési-
gnation de vases fluides que lui ont donnée les premiers
sondeurs [1]. Ce n'est qu'aux environs de Raz-el-Ech, sur un
espace de trois kilomètres au plus, que la vase se présente
dans toute la profondeur du canal, mais elle est loin d'être
fluide. « Pour y faire pénétrer la cuiller, dit M. Lavalley, il
faut exercer une assez grande pression, et la cuiller ra-
mène un mélange de sable et de vase ou de limon, conservant la forme de la cuiller, et dans lequel le doigt n'entre
qu'avec un certain effort..... Les talus tiennent presque
à 55°. »

Cette traversée est donc loin d'offrir des difficultés in-
surmontables. On a pensé, au début, qu'il suffirait sans
doute de consolider les remblais avec des pieux et des pal-

[1] Second rapport de M. Lavalley à la Soc. des ing. civ., juillet 1867.

planches, et, en fin de compte, si cela ne suffisait pas, de les charger jusqu'à ce qu'on ait atteint et comprimé le fond. J'ai vu, il y a trois ans, les berges ainsi faites s'élever à un mètre au-dessus de l'eau et tenir parfaitement ; nulle part il ne s'est produit de soulèvement dans le fond de la fouille. On rejette aujourd'hui sur elles et derrière elles les vases du canal, que l'on approfondit à la drague ; celles-ci durcissent après une exposition prolongée à l'air. Les cavaliers ainsi formés n'ont pas fait enfoncer les berges, qui ont pourtant, en certains points, reçu tout le déblai qu'elles doivent supporter, et l'on n'a eu nulle part de ces affaissements, de ces éboulements, que l'on disait inévitables, de sorte que les prévisions des ingénieurs de la Compagnie se vérifient journellement. Seulement, pour permettre aux vases de prendre une pente suffisamment faible, on a porté dans ces parties la largeur du canal à 100 mètres, ce qui aura en outre l'avantage de soustraire presque complètement les berges à l'action du remous occasionné par le passage des navires, en offrant aux lames une plage douce sur laquelle elles pourront s'étaler sans les attaquer.

Si les argiles à gypse de l'époque pliocène constituent le sous-sol de l'isthme, ce sont les sables qui en constituent essentiellement la surface, formant des dunes qui sillonnent le désert comme les vagues d'une mer en courroux. Soulevés et poussés par le vent, ils se déplacent constamment ; aussi a-t-on fait de ces *sables voyageurs* une nouvelle objection contre l'exécution du canal.

Il ne faut pas croire d'abord qu'ils soient également à

redouter sur toute l'étendue de celui-ci. Les lignes qu'ils suivent ne coupent en effet sa direction qu'aux seuils d'El-Guisr et du Sérapéum, c'est-à-dire entre le lac Ballah et le lac Timsah, et entre celui-ci et les lacs Amers, soit sur une longueur de 30 kilomètres au plus. Mais enfin, on peut se demander si, rencontrant sur ces deux points des tranchées larges et profondes, ils ne viendront pas s'y engouffrer et les combler. La Compagnie a été bien vite rassurée à cet égard.

Les sables voyageurs sont en effet de deux sortes : les uns, composés de particules très-ténues, sont emportés par le vent, obscurcissant l'atmosphère comme une poussière fine ; ils ne sont pas à redouter, car ils franchissent de très-grands espaces sans se déposer. Les autres, formés de petits grains assez pesants, ne cheminent qu'en roulant en quelque sorte sur le sol, sans pouvoir s'élever à une hauteur de plus de 15 à 20 centimètres ; ils s'arrêtent dès qu'un obstacle vient à être opposé à leur course. Enfin, une circonstance très-favorable, c'est que les sables cheminent presque constamment de l'ouest à l'est, c'est-à-dire de la région que l'agriculture est appelée à conquérir vers celle du désert.

Au seuil d'El-Guisr, on pourra les arrêter par les immenses digues que formeront les cavaliers de dépôt provenant des déblais de la tranchée. Au seuil du Sérapéum, la possibilité d'arroser les berges à l'aide de prises faites au canal d'eau douce permettra de recourir à un autre système, celui de grandes plantations sur les abords du canal. A l'époque où j'ai visité l'isthme, la tranchée de

Toussoum était ouverte depuis trois ans, et j'ai pu m'assurer par moi-même que les berges se maintenaient parfaitement et que l'ensablement dû au transport des sables n'avait rien d'effrayant pour l'avenir. M. Lavalley, qui, en sa qualité d'entrepreneur, avait le plus grand intérêt à en constater la quotité exacte, ne l'a pas évaluée, en effet, à plus d'une dizaine de mètres cubes par mètre courant et par an, et cette quantité est indépendante de la largeur et de la profondeur du canal. Il est convaincu qu'une seule drague en fer pourra suffire à l'entretien du canal, et que les apports de sable seront moins importants que les apports de terre et de boue entraînés par la pluie dans les canaux d'Europe.

V.

Le Canal maritime de Suez.

Les traditions arabes font remonter à l'époque du voyage qu'Abraham fit en Égypte avec Sara sa femme, les premières tentatives de communication de la Méditerranée avec la mer Rouge par la branche Pélusiaque et un canal allant de celle-ci au golfe de Suez.

Le savant égyptologue allemand Brügsch a décrit une pierre trouvée dans les ruines de Thèbes, qui contient le récit d'un voyage que Séti Ier, second roi de la XIXe dynastie, fit au retour d'une expédition en Syrie. Il traversa d'abord Péluse, dont l'emplacement est à l'extrémité orientale du lac Menzaleh, et puis une ville dont les ruines ont été découvertes, il y a quelques années, dans les environs

de Kantara, qui est à l'endroit même où le canal maritime coupe la route que suivent encore aujourd'hui les
caravanes de Syrie. A partir de cette ville, le Pharaon suivit
probablement la ligne adoptée par la Compagnie pour son
tracé, car il rencontra un lac dans lequel on élevait des
crocodiles : or, cette ligne nous amène au centre de
l'isthme, où se trouve le lac *Timsah*, dont le nom signifie
en arabe *Crocodile*.

En ce point, Séti Iᵉʳ entra dans un canal bordé de palais
de plaisance. Ce canal suivait la même direction que le
canal d'eau douce actuel qui, allant du Nil au lac Timsah
rempli des eaux de la Méditerranée, va bientôt rendre à
ce pays son ancienne splendeur. La ville naissante d'Ismaïlia, élevée par la Compagnie sur les bords de ce lac, en
est le gage, avec ses élégantes constructions et ses jeunes
jardins, qui témoignent de ce que vaut le sol du désert
lorsque les eaux douces viennent le féconder.

Malgré les traditions arabes, qui feraient remonter au
temps d'Abraham le canal dans lequel entra Séti Iᵉʳ, il
paraît que c'est à ce Pharaon lui-même qu'il était dû, et
non à l'un de ses prédécesseurs. Les historiens grecs font
remonter en effet à Sésostris l'honneur d'en avoir tenté le
premier l'exécution, et il paraît certain aujourd'hui qu'il
ne faut pas voir toujours sous ce nom Rhamesès-le-Grand,
mais qu'un grand nombre des exploits que la tradition
classique attribue à ce monarque doivent être rapportés
aussi à Séti Iᵉʳ et à Thoutmés III. C'est du reste sur les
bords de ce canal que les Israélites esclaves élevèrent les
villes de Pithoum et de Rhamesès, cette seconde con-

struite sous le règne de Rhamesès II, dont elle porte le nom et dont on a retrouvé la statue sur son emplacement. Ce prince est assis entre deux femmes, et les cartouches hiéroglyphiques qui couvrent le dos du monument lui promettent la conquête de la Syrie.

La Terre de Gessen, qu'habitaient les Israélites, s'étendait à l'occident du lac Timsah, et elle est traversée aujourd'hui dans toute sa longueur par une partie du canal d'eau douce, qui lui rendra son ancienne fertilité. La Compagnie a retrouvé dans les environs de Rhamesès les bancs d'argile avec laquelle les Juifs faisaient les briques dont il est parlé dans l'Exode, et elle s'en est servie pour fabriquer celles qui ont été employées à la construction d'Ismaïlia. Les Arabes ont encore l'habitude de mêler dans cette fabrication de la paille à l'argile, comme le faisaient les Égyptiens du temps de Moïse. On sait en effet que les persécutions exercées au sujet de la fourniture de cette paille furent en quelque sorte l'occasion déterminante de l'exode du peuple d'Israël hors du pays d'Égypte.

Hérodote, rapportant à Néchao, fils de Psammétichus, l'honneur d'avoir tenté le premier la jonction des deux mers, et le récit du voyage de Séti Ier ne mentionnant que la portion du canal qui reliait la branche Pélusiaque du Nil au lac Timsah, il est probable que ce souverain s'était borné à l'exécution de cette partie. Peut-être était-elle seule nécessaire alors, la mer Rouge venant jusqu'à ce point, à travers le bassin des lacs Amers.

Darius, fils d'Hystaspe, cinq siècles avant J.-C., reprit

le projet des Pharaons, mais n'en acheva point non plus la réalisation ; il conduisit seulement le canal jusque dans une lagune salée, où il venait se décharger; sans doute le bassin des lacs Amers. Enseveli sous les sables après les Pharaons, il fut recreusé par Ptolémée Philadelphe, qui, en outre, joignit la lagune des lacs Amers à la mer Rouge, par un nouveau canal fermé par une écluse du côté de Suez. Il fut de nouveau restauré par l'empereur Adrien, et recreusé sous le califat d'Omar, pour être définitivement abandonné vers l'an 765 de notre ère.

On peut aujourd'hui encore en reconnaître les traces sur plus de 50 kilomètres, et les suivre en parcourant la voie d'eau douce établie par la Compagnie de Suez. Pendant ce parcours, nous pouvions, assis sur le pont de notre *dahabie*, apercevoir non loin de nous dans la plaine de longs plis de terrain : c'étaient les berges de l'ancien canal. C'est surtout au-delà d'Abou-Keyched , aux environs de l'ancienne Rhamesès de la Bible, que ces traces sont le plus considérables, et frappent le plus vivement les regards. Sur les bords du bassin des lacs Amers, dans la section de Chalouf, le canal actuel passe dans le lit même de celui des Ptolémées, qui a conservé là toute sa profondeur. Ce n'est pas sans une vive émotion que le voyageur navigue en cet endroit entre des berges vieilles de plus de deux mille ans.

Ce n'est qu'après l'encombrement de la branche Pélusiaque du Nil que l'on a pu avoir l'idée d'une communication directe des deux mers. C'est à Amrou, qui avait fait exécuter les travaux entrepris sous le calife Omar, que la tradition arabe en rapporte la première pensée ; mais Omar s'y serait opposé, dans la crainte d'ouvrir l'Arabie aux vaisseaux chrétiens.

Sous Louis XIV, cette pensée parut un instant renaître, mais pour être aussitôt abandonnée.

Volney, qui parcourut l'Égypte et la Syrie de 1782 à 1787, se demanda aussi s'il ne serait pas possible de couper l'isthme, mais il répondit à cette idée par la négative. « On est porté, dit-il, à croire cette opération praticable, à raison du peu de largeur de l'isthme ; mais dans un voyage que j'ai fait à Suez, il m'a semblé voir des raisons de penser le contraire. » Il se rattacha au système de jonction des anciens, entre Alexandrie et Suez. Ses raisons pour repousser comme impossible une tranchée directe sont « que dans toute la partie où la Méditerranée et la mer Rouge se répondent, le rivage est un sol bas et sablonneux, où les eaux forment des lacs et des marais semés de grèves ; en sorte que les vaisseaux ne peuvent s'approcher de la côte qu'à une grande distance. Or, comment pratiquer dans les sables mouvants un canal durable ? D'ailleurs, la plage manque de ports, et il faudrait les construire de toutes pièces ; enfin, le terrain manque absolument d'eau douce, et il faudrait, pour une grande population, la tirer de fort loin, c'est-à-dire du Nil. »

Ce sont les mêmes arguments qui ont été opposés, à l'origine, à l'entreprise de M. de Lesseps, et parmi eux, la prétendue impossibilité des atterrages a été encore de nos jours un des arguments de prédilection des adversaires d'un canal maritime direct à travers l'isthme. La Compagnie actuelle a victorieusement répondu à toutes ces objections par des faits : la création de Port-Saïd, de ses jetées et du canal d'eau douce.

Ce fut après la conquête de l'Égypte par les Français que la question du canal de Suez fut surtout reprise. Les ingénieurs de l'expédition se livrèrent à des travaux géodésiques très-importants pour établir le nivellement de la basse Égypte, et arrivèrent à proclamer une différence de niveau de près de dix mètres, à l'avantage de la mer Rouge. Cette opinion n'était pas nouvelle dans le monde.

Les anciens croyaient que les eaux de cette mer étaient plus élevées que celles du Nil, et même que la terre d'Égypte. Aristote , Diodore de Sicile , Strabon , Pline , disent que les Pharaons, Darius et même Ptolémée, avaient discontinué leurs travaux parce qu'on crut avoir reconnu que la mer Rouge était plus haute que l'Égypte ; il est vrai que Strabon ajoute que c'est à tort que l'on avait persuadé cela à Darius. Pline, plus explicite que les autres, dit que la mer Rouge était de trois coudées supérieure au sol de l'Égypte ; mais il croit que si Ptolémée ne termina pas son canal , c'est qu'il craignait, par cette communication, de gâter les eaux du Nil, qui donne seul en Égypte des eaux potables. Nous savons toutefois par Hérodote, qui a visité lui-même les lieux, que le travail avait été terminé. Ce qui est la cause de l'erreur de ces historiens, c'est qu'il ne venait pas s'ouvrir librement dans la mer. D'après une tradition arabe recueillie par M. Lepère, une forte digue le séparait du port et y maintenait les eaux douces au-dessus des plus hautes marées. Il n'en reste pas moins que dans l'antiquité, au temps d'Aristote, de Diodore et de Pline, la croyance générale était que la mer Rouge tenait ses eaux à un niveau supérieur à celles du Nil. Il est probable que ses marées furent la cause de cette croyance populaire des peuples grec et latin, et que les premiers auteurs du canal ont pu craindre de voir, sous leur action, les eaux salées refluer, pendant la saison des basses eaux du Nil, jusque dans ce fleuve.

Les nivellements de 1799 vinrent donner une sorte de confirmation à cette vieille croyance. Si en effet la mer Rouge était de dix mètres plus élevée que la Méditerranée, elle pourrait, en pénétrant dans les Ouadis, inonder le littoral méditerranéen.

Malgré les traditions et l'autorité des ingénieurs de l'expédition française, Laplace nia toujours comme physiquement impossible une différence de niveau. Après avoir vu que dans un passé peu éloigné les deux mers communiquaient librement par-dessus l'isthme actuel, comme elles communiquent encore aujourd'hui par l'Océan et le détroit de Gibraltar, nous devons être porté à nous ranger à l'opinion de Laplace.

Ce que ce célèbre géomètre avait vu *à priori*, ce que la géologie nous porte à penser, les travaux géodésiques entrepris dans ces dernières années l'ont complètement vérifié et démontré.

Sous l'entreprise de M. Enfantin, une société se constitua il y a plus de vingt ans, pour étudier de nouveau la question du canal de Suez. Trois groupes se formèrent : un groupe allemand, ayant à sa tête M. Negrelli ; un anglais, dirigé par M. Robert Stephenson, et un français, par M. Talabot. Ils commencèrent leurs opérations en 1847: les deux premiers durent opérer dans la mer Rouge et la Méditerranée, le dernier dans l'isthme ; mais bientôt celui-ci fut seul à poursuivre ses travaux.

La réalité des résultats du nivellement de 1799 était tellement affirmée, tant par la valeur des ingénieurs qui l'avaient fait, que par les ingénieurs français ou égyptiens résidant en Égypte, que, malgré les doutes de M. Talabot, les instructions furent rédigées dans ce sens. Aussi la brigade française, mise sous les ordres de M. l'ingénieur Bourdaloue, qui a fait depuis le nivellement général de la France avec toute l'autorité d'un maître, eut-elle pour mission d'établir la quotité exacte de cette différence, bien plus que de s'assurer de sa réalité. Eh bien ! ce fut son existence même que les opérations, conduites avec toutes les garanties de précautions et de science désirables et sérieusement vérifiées, vinrent définitivement renverser.

Tandis que la différence des mers moyennes aurait été trouvée n'être que de 80 centimètres à l'avantage de la mer Rouge, cette différence n'aurait été pour les basses mers que de 3 centimètres, c'est-à-dire nulle . M. Linant-Bey, ingénieur français au service de l'Égypte, exécuta quelques années plus tard, en 1853, une vérification à travers l'isthme qui confirma la réalité de ce résultat ; il trouva en effet la cote de la basse mer à Suez plus élevée de 12 centimètres seulement qu'en 1847, soit une différence totale entre les deux mers de 15 centimètres.

Les opérations géodésiques confirment donc ce que nous avait fait impérieusement pressentir l'étude géologique, qui nous apprend qu'avant l'exhaussement et l'émersion des marnes argileuses à gypse de l'époque pliocène, les deux mers communiquaient librement.

L'égalité de niveau est donc un fait désormais acquis : les ingénieurs de 1799, munis d'instruments imparfaits, opérant au milieu des mouvements militaires, à grands coups de niveaux et sans vérification, étaient arrivés à un résultat erroné. La plupart des projets modernes, s'appuyant sur cette donnée défectueuse, péchèrent ainsi par la base. Ils se rattachaient du reste aux deux types étudiés séparément par M. Lepère, ingénieur en chef de l'expédition : un canal à petite section, de Suez à Alexandrie, alimenté par l'eau du Nil, destiné principalement au commerce égyptien, et un canal direct à grande section à travers l'isthme, destiné à la grande navigation et au commerce de transit.

Se fondant sur le fait mal observé d'une différence de niveau, M. Lepère faisait couler les eaux de la mer Rouge dans la Méditerranée, en rachetant l'excédant de la pente par des écluses. C'est cette idée qui, reprise plus tard avec une noble et courageuse persévérance par M. de Lesseps, mais avec des notions plus exactes sur les niveaux, est aujourd'hui en voie d'exécution. Par ce gigantesque travail, qui consiste en une simple tranchée allant du sud au nord sans écluse, la route de la mer des Indes sera, dans un

avenir peu éloigné, abrégée de moitié, et les régions redou-
tées des mers australes évitées pour le commerce de ces
pays. Les plus grandes difficultés politiques paraissent aujourd'hui vaincues, et nous avons vu nous-même comment
la Compagnie et ses entrepreneurs saisissaient corps à
corps et surmontaient les difficultés matérielles et techniques.

La première difficulté qui s'offrait à l'entreprise était
de faire vivre dans le désert les escouades d'ouvriers ap-
pelés à y travailler. L'arrivée de l'eau douce sur les chantiers était donc la première condition de l'installation des
travaux. La Compagnie y a pourvu par la création d'un
canal fluviatile, qui porte les eaux du Nil au centre de
l'isthme, vers le lac Timsah, et de là à Suez. Dans la portion septentrionale, la hauteur du seuil d'El-Guisr et la
traversée des lacs Ballah et Menzaleh ne permettaient pas
d'établir, comme dans la portion méridionale, un canal à
ciel ouvert. On a eu alors recours à l'emploi de tubes en
fonte dans lesquels l'eau, refoulée par de puissantes pompes
à vapeur, est élevée sur le seuil d'El-Guisr, et de là arrive
par une pente naturelle à Port-Saïd.

Voilà donc toute la longueur de l'isthme alimentée d'eau
douce, une voie navigable ouverte du Nil au lac Timsah et à
Suez, et la fécondité du désert, vierge depuis si longtemps,
est telle que, partout où elle arrive, elle amène une végéta-
tion luxuriante. Les premiers travaux du canal maritime
sont aussi entrepris ; on attaque le seuil de Chalouf, celui
du Sérapéum, et une rigole à section restreinte et à faible

profondeur (1ᵐ50 à 2ᵐ) est ouverte entre Port-Saïd et le lac Timsah, de sorte que celui-ci se remplit des eaux salées de la Méditerranée. En même temps Suez, qui avait si longtemps souffert du manque d'eau douce, prend un nouveau développement ; sur les bords du lac Timsah s'élève la ville d'Ismaïlia ; sur les côtes de la Méditerranée, celle de Port-Saïd, et sur toute la ligne du canal, des villages qui seront peut-être un jour des villes: le Sérapéum, El-Guisr Mariam, El-Kantara, etc.

Pour tous ces travaux, on employait les fellahs, paysans arabes soumis, vis-à-vis du vice-roi ou de ses concessionnaires, à la corvée ; c'est ainsi qu'en 1862, vingt mille de ces fellahs étaient occupés à la traversée seule du seuil d'El-Guisr. Une décision du pacha ayant supprimé la corvée, la Compagnie se trouva dans un de ces moments de crise qui décident de l'avenir ou de la ruine d'une entreprise. Heureusement, l'homme qui la dirige était habitué depuis longtemps à lutter contre les difficultés de toute nature, et il ne se laissa point abattre par cette dernière. Des traités furent passés avec des entrepreneurs présentant toutes les garanties désirables d'honorabilité et de science, qui devaient substituer le travail des machines à celui des hommes. J'ai assisté à cette transformation, dans le voyage que je fis en Égypte en 1865, et je puis dire que pour celui qui a vu l'activité déployée par tous, le désir de réussite qui anime également les entrepreneurs et les agents de la Compagnie, les prodiges accomplis dans la création et l'installation du matériel, et enfin les résultats obtenus aujourd'hui, le doute, non-seulement sur la possibilité, mais sur la réussite de l'entreprise, n'est plus permis.

D'imposants ateliers de montage et d'entretien des machines sont établis sur plusieurs points, notamment à Port-Saïd et à El-Guisr. Les travaux de terrassement à sec sont faits, suivant les circonstances, ici à bras d'hommes, ailleurs par des excavateurs mécaniques. Partout où les dragues peuvent arriver, elles achèvent le travail en amenant le canal à la profondeur voulue, et rejetant les terres sur les berges à l'aide d'immenses couloirs de 70 mètres de longueur, ou les envoyant au loin, comme dans la traversée des lacs Amers, sur des porteurs à clapets. Les dragues à couloir atteignent, pour donner à celui-ci une pente suffisante, une hauteur de 15 mètres au-dessus de l'eau. D'après M. Lavalley[1], cette hauteur permettra de creuser avec les dragues à couloir la section entière du canal sur toute la traversée des lacs de la Méditerranée, de la plaine de Suez et des abords des grands lacs, à l'exception seulement de quelques parties assez courtes où le terrain est un peu trop haut. Dans celles-ci, et partout où le sol est trop élevé pour permettre l'emploi des couloirs, des chalands reçoivent dans des caisses les déblais extraits par les dragues, et viennent se placer sous le plan incliné des élévateurs, qui enlèvent les caisses et les déversent sur les berges. Ces immenses plans inclinés peuvent se déplacer, soit dans la direction de la rive, soit

---

[1] *Rapport* déjà cité, 1866.

circulairement sur une plateforme tournante, de façon à répartir uniformément les déblais sur la berge. Le matériel a dû prendre, on le voit, des proportions en rapport avec ce travail gigantesque, qui, jusqu'à M. de Lesseps, avait effrayé les plus hardis.

Les principaux entrepreneurs, MM. Borrel et Lavalley, ont en ce moment sur leurs chantiers de travail ou de construction, 78 dragues, 22 longs couloirs, 18 élévateurs, 90 chalands flotteurs portant 700 caisses, 37 grands porteurs à vapeur pouvant tenir la mer, 72 chalands à clapets, 30 locomobiles, 20 grues à vapeur, 10 chalands-citerne à vapeur, 5 chalands-transports à vapeur, 150 bateaux en fer pour le transport des charbons et approvisionnements, etc., etc.

Pendant le mois de septembre dernier, 43 dragues ont extrait 1 342 000 mètres cubes de déblai, et à la fin de ce mois il restait encore à creuser 44 millions de mètres cubes. 4 millions ont été extraits dans les mois d'octobre, de novembre et de décembre; mais pendant ce temps le nombre des dragues pouvant travailler s'est accru, et prochainement, 78 de ces machines seront en état de fonctionner. Alors les terres extraites s'élèveront à 2 millions de mètres cubes par mois; on peut donc espérer que le creusement du canal à toute sa largeur et à toute sa profondeur sera terminé dans vingt mois, à partir du 1er janvier dernier. En supposant même dans le rendement une diminution de 25 %, on peut dire que ce travail sera terminé dans le second semestre de l'année 1869.

Pour arriver à ce résultat et occuper ce grand nombre de dragues, il ne suffisait pas d'attaquer le canal par ses extrémités, il fallait établir des points d'attaque sur son parcours, et amener sur ces points le matériel. Pour toute la traversée des lacs de la Méditerranée, il n'y avait aucune difficulté, puisqu'à droite et à gauche existaient déjà les rigoles primitivement creusées, qui permettaient d'amener sur le chantier le matériel prêt à fonctionner. Il n'en était pas de même pour la plaine basse qui s'étend entre Chalouf et Suez. Le problème a été ici habilement et heureusement résolu.

Les dragues, les couloirs, les élévateurs sont amenés tout montés, par le canal d'eau douce, au point le plus voisin de celui où ils doivent commencer à travailler, par exemple en face du kilomètre 83 de ce canal. Là, celui-ci est à cinq ou six mètres au-dessus du niveau de la plaine où doit passer le canal maritime, et le point d'attaque de ce dernier à un kilomètre du premier. Les dragues ont creusé, en s'avançant sur le côté de la voie fluviatile, un bassin qui les a d'abord reçues, et qui sert de port en ce point, où a été établi le chef-lieu de cette section sous le nom de *Campement de la plaine*. A côté de ce bassin, on en a creusé un second, dans lequel sont entrées les dragues et leur matériel, comme dans le sas d'une écluse. Elles ont amené ce dernier à deux mètres au-dessous de la plaine, et l'on n'a plus eu alors qu'à fermer le barrage entre les deux bassins et à laisser échapper l'eau du second, pour avoir dans celui-ci tout le matériel flottant au niveau de la plaine. Les dragues ont alors marché, en se creusant elles-mêmes leur chenal, jusque sur la ligne des travaux, où elles ont été dirigées, les unes au sud vers Suez, les autres au nord vers Chalouf. A mesure que les premières creusent, en avançant, un premier chenal, d'autres, armées de longs couloirs, se placent derrière elles et achèvent le canal.

Un autre point d'attaque a été établi de la même façon au séuil de Chalouf, à peu près vis-à-vis le kilomètre 72 du canal d'eau douce.

Le seuil du Sérapéum est à huit mètres au dessus du niveau de la mer ; on n'en est pas moins parvenu, par un procédé ingénieux, à employer encore ici les dragues et à substituer leur emploi à l'excavation à bras d'hommes. On a profité de ce que le canal d'eau douce tient ses eaux au niveau du seuil, pour inonder, à l'aide d'un embranchement fait sur celui-ci, une première tranchée de deux mètres de profondeur faite à bras et à la brouette, et trois bassins formés sur son parcours par les dunes de sable et de faibles levées artificielles. Les dragues approfondissent ce canal, et des porteurs à clapets viennent déverser les déblais dans ces bassins. Lorsque le creusement aura atteint une profondeur de huit mètres, on barrera l'embranchement du canal d'eau douce, on rompra les digues séparant la nouvelle tranchée de celle de Toussoum et des lacs Amers, et les dragues, flottant dès-lors dans l'eau salée, au niveau définitif du canal, creuseront un second étage pour l'amener à sa profondeur. Les déblais seront alors vidés par les porteurs à clapets dans le lac Timsah.

Les eaux de la Méditerranée ont déjà rempli ce lac en coulant dans un premier canal de profondeur réduite, que l'on drague maintenant pour l'amener à ses dimensions définitives. Dans quelques mois, elles pourront envahir aussi le bassin des lacs Amers, par la rigole creusée à travers le seuil du Sérapéum, à toute sa largeur et à une certaine profondeur ; les dragues feront le reste. Enfin, le seuil de Chalouf est également attaqué avec vigueur ; mais, pour éviter les variations de niveau des marées qui seraient gênantes pour le dragage, on exécutera le canal jusqu'aux lagunes de Suez, sans ouvrir la communication avec la mer Rouge. Plus tard, lorsqu'il faudra introduire les eaux dans le bassin des petits lacs, on établira, à peu près au niveau moyen de la mer, un barrage avec des vannes de retenue, qui ne laissera entrer l'eau pendant la haute marée que de manière à ce qu'on soit toujours maître de fixer les limites entre lesquelles devra varier son niveau dans la plaine.

Les machines de MM. Borrel et Lavalley approfondissent et élargissent la passe de Suez, où l'on crée un nouveau port ; en même temps, les messieurs Dussaud travaillent activement aux jetées de Port-Saïd. Ces entrepreneurs avaient à construire, pour protéger l'entrée du port contre les sables que charrie le courant littoral, deux jetées : l'une à l'est, de 2 200 mètres ; l'autre à l'ouest, de 3 200, longueurs calculées pour aller atteindre en mer un fond de huit mètres. Elles sont faites en blocs de 10 mètres cubes chaque, de béton composé de chaux hydraulique du Theil et de sable fourni par le dragage du port. 25 000 de ces blocs seront nécessaires pour compléter l'ouvrage, et il y en avait déjà, à la fin de septembre, 14 277 d'immergés, c'est-à-dire plus de la moitié.

Les entrepreneurs ne sont tenus par les traités d'immerger que 600 blocs par mois, mais, en fait, ils en ont immergé dans ces derniers temps jusqu'à 725 ; nous pouvons donc compter qu'au jour où nous sommes, 18 000 blocs environ sont en place, et qu'il n'en reste plus que 7 000 à immerger[1]. En comptant seulement, pour nous tenir dans les termes du traité, sur une immersion de 600 par mois, on voit que les deux jetées de Port-Saïd seront finies au mois de février de l'année prochaine, au plus tard.

L'exposé sommaire que nous venons de faire des moyens employés et des résultats déjà obtenus par la Compagnie du canal maritime de Suez, montre qu'elle a déjà rempli plus de la moitié de son programme, et suffit pour assurer de la réalisation de son entreprise. Bien que l'œuvre ne soit pas encore terminée, la jonction des deux mers est passée dès maintenant de l'état de projet à celui de fait accompli. La Compagnie a établi un service de transport au moyen de chalands qui naviguent alternativement sur le canal maritime et sur le canal d'eau douce, et deux goëlettes de 100 tonneaux, l'une française et l'autre grecque, ont pu transiter, au mois de janvier dernier, de Port-Saïd à Suez.

---

[1] Ces lignes ont été écrites au commencement du mois de février 1868.

L'utilité de cette voie, qui abrége de moitié la route de l'extrême Orient, ne saurait être contestée par personne, et le gouvernement Britannique vient de la reconnaître solennellement en l'adoptant pour le transport de ses troupes à destination de l'Inde. Le rapport qui a clos l'instruction de ce projet résume les avantages de la ligne de Suez sur celle du Cap en une économie de 3 500 000 francs par an, et la conservation de la vie de près de 5 000 hommes par l'abréviation du trajet et la facilité du rapatriement. Le percement de l'isthme de Suez épargnera de plus à l'Angleterre, dans quelques mois, le million qu'elle doit payer annuellement pour le transit de ses troupes par le chemin de fer d'Alexandrie à Suez. Cette détermination, qui est la consécration officielle de la voie d'Égypte, est le plus bel éloge qui puisse être donné à l'œuvre de M. de Lesseps, puisqu'il lui est donné par le gouvernement qui avait suscité jusqu'à aujourd'hui à sa réalisation les plus grandes difficultés.

VI.

Résumé Général.

A une époque géologiquement fort ancienne, un grand continent annulaire, qui comprenait la plus grande partie de l'Amérique, l'Afrique, les Indes, la Nouvelle-Zélande et l'Atlantide des anciens, séparait, en s'étendant obliquement à l'équateur, deux grands océans qui occupaient les calottes des deux hémisphères. On est forcément amené

à cette conclusion par les différences que l'on observe
entre les faunes fossiles de cette époque au nord et au sud
de cette ligne, comme si une barrière continentale avait
empêché les migrations des êtres d'une mer dans l'autre.
C'est ainsi que la faune jurassique de l'Afrique méridionale
est complètement différente de celle de l'Himalaya, de la
Perse et de l'Europe, tandis que, d'autre part, la faune et
la flore actuelles de l'Australie présentent la plus grande
analogie avec celles qui vivaient et végétaient sur les rivages
de la mer jurassique d'Europe, témoignant par là que cette
île faisait autrefois partie de ce grand continent équatorial [1].

Nous n'avons pas ici à rechercher et à retracer les con-
tours de ce vieux continent ; il nous suffit d'en constater
l'existence à une époque où s'étaient déjà déposés les grès
triasiques de l'Afrique équatoriale, de la Nubie et de la
haute Égypte, et où se déposaient les calcaires jurassiques
qui affleurent aujourd'hui le long de la chaîne Arabique et
dans la péninsule de l'Arabie Pétrée.

C'est après le dépôt de ces terrains qu'eut lieu, comme
nous l'avons vu, la principale éruption des roches cristallines qui forment l'épine dorsale de cette région. Dans la
nouvelle mer se déposèrent successivement les terrains
crétacé, nummulitique et éocène, qui constituent le grand
plateau égyptien, pendant que s'opérait un mouvement
lent d'exhaussement, qui avait fait émerger à la fin de la
période secondaire un étroit rivage crétacé.

---

[1] Marcou ; *Roches du Jura*, pag. 331, cité par Reclus ; *la Terre*, pag. 47.

Pendant le cours de l'époque tertiaire, ce mouvement ascensionnel fut activé, peut-être par l'apparition de nouvelles roches cristallines, comme le massif granitique du Sinaï, et la fin de la période éocène fut marquée par un grand changement dans la configuration de ces régions. Une rupture, due sans doute au surgissement des roches granitiques du Sinaï, se produisit en même temps que le mouvement ascensionnel s'activait. Elle est indiquée par les couches horizontales de l'Attaka brusquement relevées vers la mer Rouge, celles du contrefort du Sinaï et de la péninsule Arabique qui leur correspondent et la faille qui se voit au revers oriental de l'Attaka. Un grand fond de mer fut émergé, coupé en deux par un détroit dû à la rupture des couches. Ainsi furent formées, à la fin de la période éocène, l'Égypte primitive, la péninsule de l'Arabie Pétrée, le pli montagneux de Juda et le bassin de la mer Morte[1].

La mer tertiaire continua à déposer ses sédiments et à les accumuler contre les nouvelles falaises, notamment celles de l'Attaka, et dans le large sillon du plateau égyptien. Mais le mouvement d'exhaussement se produisant toujours quoique d'une façon plus lente, la fit reculer peu à peu ; tandis que le Nil, avançant de plus en plus son empire, formait de ses dépôts la vallée actuelle et puis le Delta.

L'exhaussement graduel du fond de la mer avait amené à l'orient l'émersion de quelques îles autour desquelles se

[1] Voy. L. Lartet, *loc. cit.*

déposèrent les argiles et les marnes pliocènes, qui commencèrent aussi à émerger à la fin de la période tertiaire, et formèrent le premier seuil de l'isthme qui devait être un jour l'isthme de Suez.

C'est peut-être à cette époque qu'il faut placer l'apparition de l'homme en Égypte. Quelques savants croient pouvoir regarder l'homme, en Europe, comme contemporain des dépôts pliocènes et même miocènes; sans les suivre sur le terrain encore fort douteux d'une si haute antiquité, les recherches les mieux établies ne nous permettent pas de douter de sa dispersion au commencement de l'époque quaternaire. M. Figari pense que sa première station dans le nord-est de l'Afrique fut dans les oasis du désert actuel, qu'il considère comme la véritable patrie du *Dattier* et du *Lotus*, dont les fruits furent ses premiers aliments. Plus tard, lorsqu'il se fit agriculteur, il se fixa dans la vallée que le fleuve fécondait par ses inondations périodiques. Il emporta avec lui le Palmier, qui n'est plus représenté dans son lieu d'origine que par les quelques groupes des oasis et les troncs pétrifiés par les sources thermales siliceuses.

Pour peu que l'on considère avec attention quelle devait être la géographie physique de cette région à l'époque du dépôt des argiles et des marnes pliocènes, on voit que celles-ci se déposaient dans une mer peu profonde. A peine furent-elles formées, qu'amenées par le mouvement ascensionnel près de la surface, elles commencèrent à être rongées par les flots. A mesure que l'émersion de quelques parties avait lieu, la mer accumulait autour de ces points des sables qui, remplissant peu à peu les ravinements des dépôts argilo-marneux, ont formé avec eux un isthme, de façon à relier l'Asie à l'Afrique et à arrêter la communication des deux mers.

Le premier seuil qui se forma ainsi fut le centre de l'isthme. Le bassin des lacs Amers faisait encore partie du golfe Érythréen; peu à peu il en fut également séparé par le seuil de Chalouf. Une branche du Nil y portait l'eau douce et fécondait le rivage occidental du golfe; au nord, la branche Pélusiaque apportait le même élément de vie et de prospérité; aussi des villes s'élevèrent dans toute cette région : Rhamesès, Pithoum, Arsinoë, Péluse, etc. Le mouvement ascensionnel du sol se produisant toujours, l'isthme et le Delta acquirent enfin leur configuration définitive.

Ce mouvement d'exhaussement n'était point alors un fait isolé et particulier à ce pays; on en retrouve des traces sur tout le pourtour de la Méditerranée : dans l'émersion des terrains pliocènes de l'Europe méridionale, qui sont en certains points élevés à 300 mètres au-dessus du niveau actuel des mers; celle du Sahara, correspondant au retrait des glaciers alpins; celle des plages à Pétoncles de la Palestine, des steppes caspiennes[1], etc.

---

[1] M. G. Bianconi (*Bull. de la Soc. géol. de France*, 2e série, tom. XXIII, pag. 72-80) pense que l'exhaussement du sol ne peut pas rendre un compte suffisant de ces émersions et de la grande élévation des terrains pliocènes. Il pense que la Méditerranée avait à l'époque pliocène un niveau plus élevé

La principale cause de ces émersions circumméditerra-
néennes, dont le moment initial est bien antérieur à l'é-
poque pliocène, est le changement de place lent, mais
continu, du centre de gravité de notre globe, produit par
le surgissement des hautes montagnes qui entourent l'océan
Indien et le Pacifique. Par suite de ce changement, les
eaux se sont retirées de l'océan du Nord, dans lequel de
nouveaux continents ont émergé, et se sont accumulées
dans celui du Sud, où les masses continentales anciennes
ont disparu sous elles, ne laissant que des témoins, comme
l'Australie. A cette cause générale s'en sont jointes de par-
culières, comme les marées intérieures du globe, la tur-
gescence et l'affaissement suivant de grands cercles de la
sphère, et, plus localement encore, l'éruption des roches
cristallines.

Les civilisations égyptienne et grecque couvrirent de
villes et de cultures le Delta et l'isthme de Suez. Sur le
littoral de la Méditerranée, les villes de Péluse, de Tennis,
de Touneh, florissaient à l'orient, tandis qu'à l'occident la

que l'Océan, par suite d'apports d'eau considérables provenant de courants montant à l'ouest et dérivés du golfe Persique et de la mer Rouge,
et que les dépôts se sont formés ainsi à un niveau supérieur ; elle se serait
vidée, et son niveau se serait abaissé jusqu'à celui de l'Océan lors de l'ou-
verture du détroit de Gibraltar. Nous ne pouvons pas suivre M. Bianconi
sur ce terrain de physique hydraulique ; nous ferons seulement observer
que si le bassin méditerranéen était fermé du côté occidental pendant
l'époque pliocène, il était ouvert à l'orient et communiquait avec l'Océan
par la mer Rouge ; il devait donc y avoir à peu près égalité de niveau comme
aujourd'hui, et nous ne nous rendons pas bien compte de ce que pouvaient
être les *courants montants* de M. Bianconi.

ville d'Alexandrie s'élevait sur l'emplacement du port Rhacotis des Pharaons. Près de cette dernière ville, les Grecs creusèrent dans les rochers de la côte, trois siècles avant J.-C , une nécropole, dont les restes portent aujourd'hui le nom de Cléopâtre. Cependant l'oblitération de la branche Pélusiaque vint faire reculer à l'orient la portion cultivable, et le désert s'avança jusque sur la limite du Delta. En même temps, au mouvement ascensionnel que nous avons constaté jusqu'alors, succéda un mouvement lent. mais non moins continu, d'affaissement.

Cet affaissement se rattache à un mouvement général qui ondule la surface de notre continent. Au nord, les côtes de la Scandinavie s'élèvent, tandis que celles du Danemark, de la Hollande, du nord de la France, s'abaissent. Par suite du même mouvement d'ondulation et de bascule, les côtes méridionales de la France, de la Sicile, celles de la Tunisie et de l'Algérie, continuent à s'élever, et celles de la Lybie, de l'Égypte, de la Palestine, subissent l'affaissement que nous avons constaté. Nous noterions des oscillations semblables sur les autres parties de la surface terrestre, produisant des alternances d'exhaussement et d'affaissement qui ne sauraient être mieux caractérisées que par le nom d'*ondulations du sol.*

Dans ce mouvement, les ruines des villes de Touneh et de Tennis sont ensevelies dans les marécages du lac Menzaleh, la nécropole d'Alexandrie est envahie par les flots, et des vieilles sépultures la tradition populaire fait les bains de Cléopâtre ; la mer, enfin, fait irruption sur tout le littoral, et, il y a à peine un siècle, forme le lac d'Aboukir dans une plaine jadis cultivée et habitée[1].

Combattue par ce mouvement, l'extension du Delta ne se fait plus aujourd'hui qu'avec une extrême lenteur, peut-être même le verra-t-on un jour reculer devant les flots de la mer. L'isthme de Suez lui-même, entamé par les eaux marécageuses du lac Menzaleh, est appelé à disparaître, et les âges futurs verront de nouveau l'Érythrée marier librement ses eaux à celles de la Méditerranée.

Mais ce mouvement est trop lent et l'avenir trop éloigné. Dès aujourd'hui l'homme veut voir rompue cette digue qui met obstacle au passage de ses vaisseaux d'une mer dans l'autre, et qui gêne l'essor de ses relations commerciales avec les Indes. Il accumule au milieu du désert les engins les plus perfectionnés et les plus puissants de la civilisation, et il anticipe sur l'œuvre des siècles. Le canal maritime de Suez rétablit le passé et devance l'avenir ; c'est une double sanction de sa possibilité et de son utilité.

C'est à la France qu'il revenait d'exécuter une entreprise qui avait été depuis Louis XIV l'objet des études de savants presque exclusivement français. Aussi doit-elle enregistrer

---

[1] Ce mouvement est soumis aux mêmes causes intérieures que le précédent, quoiqu'elles ne se manifestent plus par l'éruption de roches cristallines. On peut les reconnaître, par exemple, dans les tremblements de terre. « Les monuments égyptiens, dit M. de Humboldt, ont souffert aussi de tremblements de terre, moins rares qu'on ne l'a pensé dans la vallée du Nil, ainsi que le fait voir M. Letronne (*La statue vocale de Memnon*, 1833). Le colosse de Memnon, brisé l'an 27 de l'ère chrétienne, est un exemple de ces mutilations. » (*Cosmos*, IV, 198.)

le nom de Ferdinand de Lesseps, le hardi promoteur et le persévérant soutien de cette œuvre, parmi ceux de ses enfants qui l'ont de nos jours le plus honorée, car les grandes et pures conquêtes de l'industrie et de la paix élèvent le drapeau d'une nation plus haut que les sanglantes victoires des champs de bataille.

Nous ne saurions terminer sans payer, au nom de notre patrie, un juste tribut de reconnaissance aux princes dont la maison gouverne l'Égypte depuis près d'un demi-siècle et qui, par leur soutien énergique et leur concours éclairé, ont permis l'établissement de cette entreprise et en assurent aujourd'hui la réalisation !

APPENDICE

I

Avancement des travaux de l'Isthme de Suez au 15 avril 1867.

Terrassements.

Cube total à extraire............................ 74 112 130^{mc}
Cube total extrait du 15 mars au 15 avril........... 1 486 898
Cube total extrait précédemment.................... 38 106 999
Cube total extrait à ce jour....................... 39 593 897
Cube restant à extraire............................ 34 518 233
Nombre de dragues en marche........................ 55
Nombre de dragues à mettre en fonction............. 5
Nombre de terrassiers.............................. 11 127

Jetées de Port-Saïd.

	Jetée O.	Jetée E.
Longueur actuelle	2 500^m	1 800^m
Fond atteint	8^m,20	5^m,50
Cube total des blocs à immerger	250 000^{mc}	
Cube de blocs immergé dans le mois	4 791^{mc}	1 908^{mc}
Cube immergé précédemment	140 535	44 884
Cube total de blocs immergé	145 326	46 792
Cube restant à immerger	57 882^{mc}	

II

Résultat de l'exploitation (transit et transports), du 1er janvier 1867
au 1er avril 1868.

Premier trimestre 1867........................... 255 149^{fr} 67^c
Deuxième   — 262 754 27
Troisième   — 300 321 56
Quatrième   — 474 577 35

Total des recettes pour 1867... 1 292 822 85
Premier trimestre 1868........................... 544 961 85
Augmentation sur le trimestre correspondant....... 289 812 18

TABLE DES MATIÈRES

Librairie C. COULET

GRAND'RUE, 5, A MONTPELLIER.

CAUVY (F.). Des fractures du crâne , par le Dr F. Cauvy d'A[illegible]
in-8º avec 3 planches , dont quatre dessins lithographiés et cinq [illegible]
photographiés . . . .

POUZOLZ. Flore du département du Gard , ou Description des [illegible]
qui croissent naturellement dans ce département , par DE Pouzol[illegible]
pellier, 1862 , 2 vol. in-8º, avec planches noires . . . .
        Id.   planches coloriées

MARTIN (L.-H. De). Études sur la fabrication des fromages [illegible]
tation caséique). Montpellier, 1867 , 1 vol. grand in-8º . . . . . .
— Les appareils vinicoles en usage dans le midi de la France, [illegible]
DE Martin. Montpellier, 1868 , 1 vol. in-8º . . . .
— Les trois formes de la matière minérale, organique, organisée [illegible]
Dr L.-H. DE Martin. Montpellier, 1868 , 1 vol. grand in-8º . . .

SOUS PRESSE POUR PARAITRE EN 1868.

BERTIN (Eug.). Étude clinique de l'emploi du bain d'air comprim[é]
Eugène Bertin , professeur-agrégé libre de la Faculté de médecin[e de]
Montpellier. 1 vol. in-8º d'environ 700 pages.

BERTIN (É.). De l'embolie , son étude critique , par Émile [illegible]
professeur-agrégé à la Faculté de médecine de Montpellier, 1 vol. [d'en]
viron 600 pages.

MONTPELLIER. — Typographie de BOEHM & FILS, Place de l'Observatoire.